LUCRÈCE MATTENS & LEAN



# KRALEN MAGIE / PERLEN MAGIE
# BEAD MAGIC / MAGIE DE PERLES

Rijgtechnieken voor sieraden
Aufreihen vom Schmuck
Beading techniques for jewelry
Enfiler des perles

Uitgeverij / Verlag / Publisher / Maison d'édition

Leane Creatief, Dronten

Nederland / Niederlande / the Netherlands / les Pays-Bas

## INHOUDSOPGAVE / INHALTSVERZEICHNIS / CONTENTS / SOMMAIRE



## KRALEN MAGIE / PERLEN MAGIE / BEAD MAGIC / MAGIE DE PERLES

Het rijgen van sieraden geeft enorm veel plezier. Het boek "Ringen, Ringe, Rings & Bagues" was een enorm succes en daarom besloten wij een vervolg te maken met nieuwe modellen. In dit boek vindt u weer nieuwe patronen voor het rijgen van armbandjes, ringen en oorknopjes. Met de kralen van uw keuze, in de gewenste kleuren, maakt u zo complete setjes passend bij uw kleding. Wij wensen u daarbij weer veel plezier!

Das Anfertigen von verschiedenen Schmuckstücken macht sehr viel Freude. Das Buch "Ringen, Ringe, Rings & Bagues" war ein riesiger Erfolg, deshalb haben wir uns für eine Fortsetzung entschieden. In diesem Buch finden Sie wieder neue Muster zum aufreihen von Perlen zu passenden Sets von Ringen, Armbändern, Ohrringen uzw. Mit Hilfe der verschiedenen Vorlagen, einer großen auswahl von Perlen in diversen Farben und Formen, gestalten Sie persönliche und individuelle Schmuckstücke. Wir wünschen Ihnen viel Spaß dabei!

In this book you find new beading techniques for rings, bracelets and earrings. You will be able to use a wide variety of beads of your choice, in your favorite color. Use the illustrations to create elegant and personal jewelry. You will be surprised with the results. We hope this book will give you lots of enjoyment.

Créer des bijoux donne beaucoup de plaisir. Le livre "Ringen, Ringe, Rings & Bagues" était une grand succès. C'est pourquoi nous avons décidé, de réaliser un nouveau livre. Dans celui-ci, vous trouverez de nouveaux modèles pour créer des bracelets, bagues, chaînes etc. Les combinaisons de perles vous donnent des possibilités infinies
Avec les schémas vous serez en mesure de créer des bijoux élégants et exclusifs.
Nous vous souhaitons beaucoup de plaisir!

Lucrèce et Leane

## BENODIGDE MATERIALEN /ERFORDERLICHES MATERIAL/ MATERIALS/ MATÉRIAUX

Voor deze sieraden heeft u nodig:

* Nylondraad 0,25 mm. Voor het oprijgen van de kralen heeft u een dunne draad nodig. U rijgt namelijk nogmaals door alle kralen terug, om de sieraden een extra stevigheid te geven.
* Sieradenlijm: Voor het stevig afhechten van de draden gebruikt u een druppel sieradenlijm.

Für das Anfertigen des Schmucks empfehle ich die folgendem Materialien:

* Nylonfaden: 0,20 oder 0,25 mm. Zum schnüren von Perlen, benutzen Sie einer dünnen Faden. Für ein stabiles Endergebnis führen Sie zum Schluß den Faden nochmals durch die Perlen zurück.
* Kleber: zum verknoten der Fäden benutzen Sie einen Tropfen Kleber.

For the jewelry you need the following materials:

* Beading thread: 0,20 or 0,25 mm. To thread the beads, you will need a thin thread. The beads are threaded twice to make the jewelry stronger.
* Jewelry glue. To secure the threads you use a drop of jewelry glue.

Pour créer les bijoux vous avez besoin des matériaux de base suivants:

* Fil nylon de 0,25 mm. Le fil doit être assez fin car il est passé deux fois dans les perles afin d'assurer une solidité maximum.
* Colle à bijoux: Pour renforcer les nœuds, vous y appliquez une goutte de colle à bijoux.

## AANWIJZINGEN / HINWEISE / INSTRUCTIONS / INSTRUCTIONS

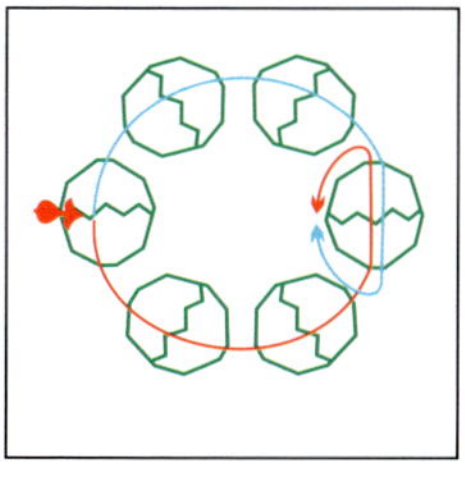

* Het rode pijltje in de tekening duidt het beginpunt aan. Dit is het midden van de draad.
* De rode lijn is het ene uiteinde van de draad, de blauwe lijn is het andere uiteinde.

* Der rote Pfeil im Muster deutet den Anfangspunkt an. Es ist das Mitte der Faden.
* Die rote Linie ist das eine Ende der Faden, die blaue Linie ist das andere Ende der Faden.

* The red arrow is the starting point of threading. It indicates the middle of the thread.
* The red line is one end of the thread, the blue line indicates the other end of the thread.

* La flèche rouge indique le point de départ. Elle indiqué le milieu du fil.
* La ligne rouge indique un côté du fil, la ligne bleue l'autre côté.

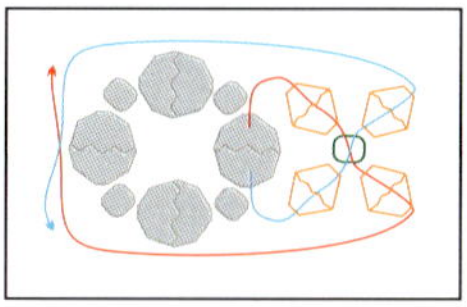

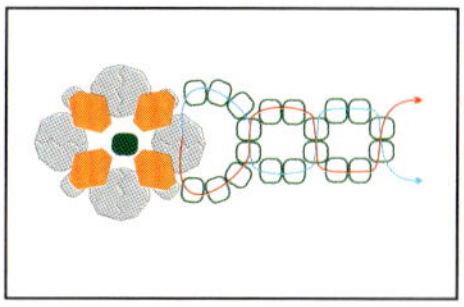

* Grijze kralen = Kralen waar u reeds doorheen hebt geregen.
* Gekleurde kralen = Kralen waar u al doorheen hebt geregen, maar die op andere kralen liggen.

* Graue Perlen = Perlen wo Sie den Faden schon durch gefadelt haben.
* Ausgemalte Perlen = Diese Perlen liegen oben auf einen andere Perle.

* Grey beads = These beads have already been threathed.
* Full color beads = Beads that lay on top of other beads. These beads have been threaded.

* Perles en gris = les perles que vous avez déja enfilées.
* Les perles colorées = Les perles enfilées mais qui sont au-dessus des autres perles.

## AFHECHTEN VAN DE DRADEN / VERKNOTEN DER FADEN/SECURE THE THREADS / SUTURER LES FILS

### AFHECHTEN VAN DE DRADEN:

* Rijg het gehele patroon volgens het schema. Knoop de draden en rijg nu nogmaals door alle kralen terug. Dit geeft extra stevigheid. Rijg tot u weer bij het beginpunt uitkomt.
* Knoop de draad éénmaal.
* Breng een druppel lijm aan.
* Leg een tweede knoop. Rijg een draad door een kraal.
* Trek de knoop met lijm tot hij in de kraal zit.
* Rijg de draden door enkele kralen terug. Knip de draden dan kort af.

### VERKNOTEN DER FADEN:

* Fadeln Sie den Ring gemäß dem Muster. Verknoten Sie die beiden Fäden einmal. Am Schluß fädeln Sie nochmals durch alle Perlen, bis Sie den Anfangspunkt erreichen. So erhalten Sie ein stabiles Ergebnis.
* Zum Beginn verknoten Sie beide Fäden.
* Geben Sie auf den Knoten einen Tropfen Kleber.
* Knoten Sie die Fäden ein zweites Mal. Fädeln Sie eine der Fadenenden durch eine Perle.
* Ziehen Sie damit den Knoten mit Kleber bis in der Mitte der Perle.
* Am Ende führen Sie die Fäden durch einige Perlen zurück. Schneiden Sie die Fäden kurz ab.

### SECURING THE THREATS:

* Thread the pearls according to the illustration. Tie a knot and go back through all beads, until you reach the starting point.
* Tie one knot.
* Apply a drop of glue.
* Tie a knot a second time. Thread one end through a bead
* Pull at the knot with glue until the knot disappears inside the bead.
* Thread the threads back through a few beads. Cut off the loose ends.

### SUTURER LES FILS

* Enfiler les perles suivant le schéma. Faire une nœud. Enfiler encore une deuxième fois à travers toutes les perles pour renforcer la solidité. Continuer jusqu'à ce que vous arriviez au point de départ.
* Nouer le fil une fois.
* Y appliquer une goutte de colle à bijoux.
* Faire un deuxième nœud. Enfiler le fil à travers une perle.
* Tirer le fil jusqu'à ce qu'il soit disparu dans la perle.
* Enfiler les fils encore une fois à travers quelques perles. Couper les fils aussi près que possible de la perle.

## AANHECHTEN VAN EEN NIEUWE DRAAD / ANFANGEN MIT EINEN NEUEN FADEN / START WITH A NEW THREAD / COMMENCER AVEC UN NOUVEAU FIL

* Hecht de draden volgens de aanwijzingen af.
* Neem een nieuwe draad. Rijg een uiteinde door een kraal. Volg verder het schema.

* Verknoten Sie die Fäden gemäß der Anleitung.
* Nehmen Sie einen neuen Faden. Fädeln Sie eine der Enden durch eine Perle. Fahren Sie so fort, wie in dem Muster beschrieben.

* Secure the thread according to the instructions.
* Take a new thread. Thread one end trough a bead. Follow the directions of the illustration.

* Arrêter le fil suivant les instructions.
* Prendre un nouveau fil. Passer à travers une perle, et continuer selon le schéma.

## TIPS / HINWEISE / TIPS / TUYAUX

### ENKELE TIPS:

* De lengte van het bandje van de ringen en armbanden moet u aan uw maat aanpassen. Pas af en toe, of het bandje lang genoeg is. Gebruik meer of minder groepjes om de lengte van uw wens te bereiken. Keer door de eerste kraal en knoop de draden. Rijg dan voor de stevigheid nogmaals door alle kralen terug.

* Het afhechten van de draden doet u bij voorkeur aan de bovenzijde van de ring. Op deze wijze voorkomt u, dat de uiteinden van de draden in uw hand prikken.

### EINIGE HINWEISE:

* Die länge des Bandes für das Armband und den Ring sollten Sie je nach Größe und Ringgröße (Dicke des Fingers) anpassen. Versuchen Sie hin und wieder mal, ob der Ring passt. Benutzen Sie eine oder mehrere Gruppen von Perlen mehr oder weniger um die gewünschte Länge zu erreichen. Am Ende fädeln Sie den Faden durch die erste Perle und durch alle Perlen zurück.

* Das Verknoten der Fäden machen Sie am Besten an der Obereseite des Ringes. So verhindern Sie, daß Ihnen die Enden der Fäden in die Hand stechen.

### RECOMMANDATION:

* You have to adjust the size of the ring and bracelet to the size you need. To achieve the required length use more or less groups of beads. If you reache the required length, thread back through the first bead. Then go back through all the beads until you reach the starting point again. Secure the threads.

* It is preferable to secure the threads on the upperside of the ring. This way the ends won't irritate the skin.

### TUYAUX:

* Faites attention à ce que la taille de la bague soit adaptée à votre doigt. Pour ce faire, contrôler dans le processus de la fabrication. Une fois la taille atteinte, passez les fils à travers la première perle, et nouez-les. Maintenant passez encore une deuxième fois à travers toutes les perles pour renforcer votre bague.

* Nous vous recommandons de finir les fils sur la face supérieure de votre bague afin que les fils ne piquent pas vos doigts.

*EERDER VERSCHENEN / EBENFALLS ZU BEKOMMEN / ALSO AVAILABLE / AUSSI EN VENTE:*

**RINGEN & RINGE & RINGS, & BAGUES**
ISBN: 90-5945-038-8

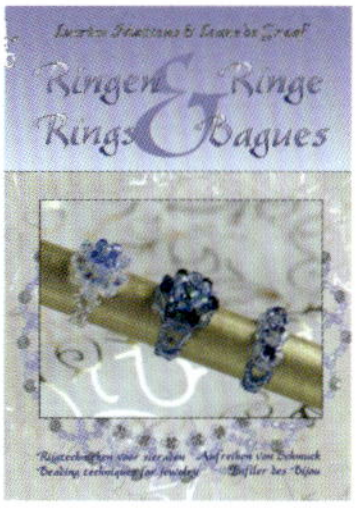

# DE KRALEN, PARELS / DIE PERLEN / THE BEADS/ LES PERLES

* Facetparel / Facettenperle /
  Facetted Bead / Perle à facettes:
  3 mm; 4 mm; 6 mm; 8 mm.

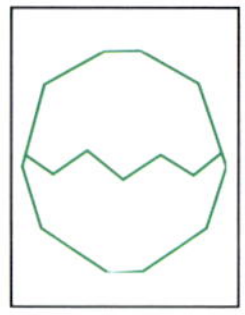

* Glasparel toupille / Facettenperle diabolo /
  Facetpearl glass diabolo / Perle diablolo, toupi:
  4 mm

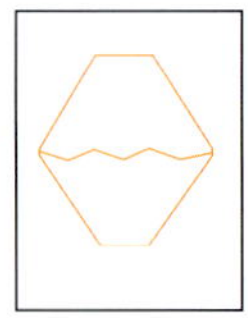

* Rocaille / Rocaille /
  Seed bead / Rocailles:
  8.0 = 2,6 mm
  11.0 = 2 mm

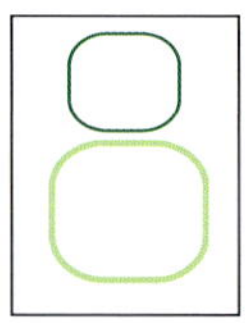

* Pyramide parels / Pyramidenperlen / Pyramid beads / Perles pyramide: 6 mm.

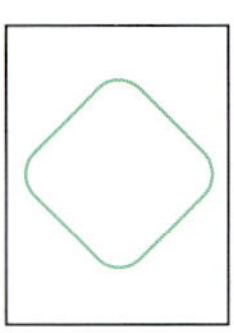

* Staafjes / Glasstifte / bugle bead / Perles tube

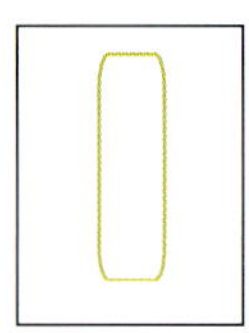

* Tijger-oog / Tigeraugenperlen / Tiger-eye beads / Perles yeux de chats: 4,6,8 mm

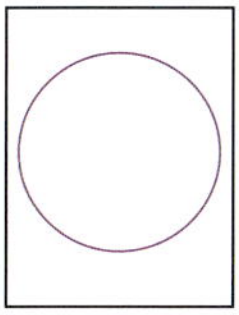

* Rose montée, opnaaistrass / gefasste Rose, Aufnähstrass /
Crystal bead / roses montées, strass à coudre:
ss 20 = 5 mm
ss 30 = 7 mm

* Sprang, halsband / Wire Halsband / Wire collier / Spirales de collier

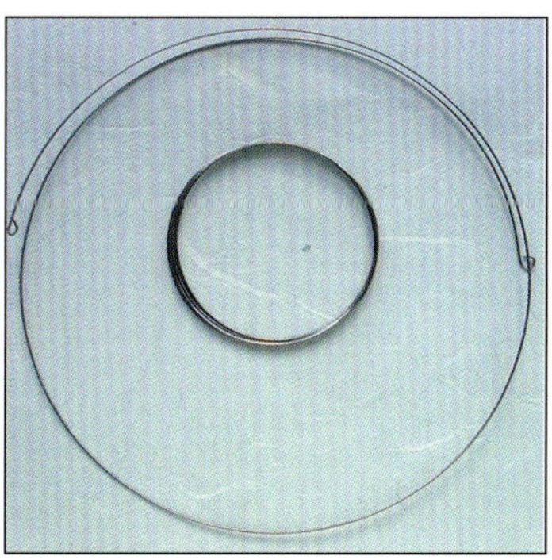

* Glasparel / Glasperle / Glass bead /Perle de verre: 4 mm; 6 mm; 8 mm.

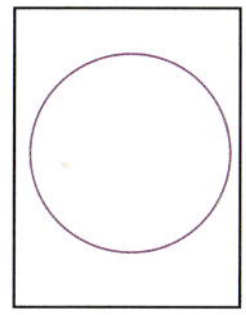

* Oorhaak / Ohrhaken / Ear wire with hook / boucle d'oreille

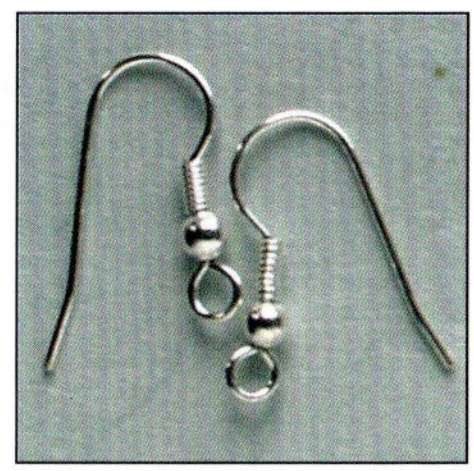

* Verlengings kettinkjes / Regulierung mit Klöppel / Extension chain / Prolongement de chaînettes

* Nietsstift / Prismenstifte /
head pin / clou.

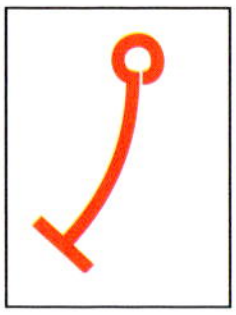
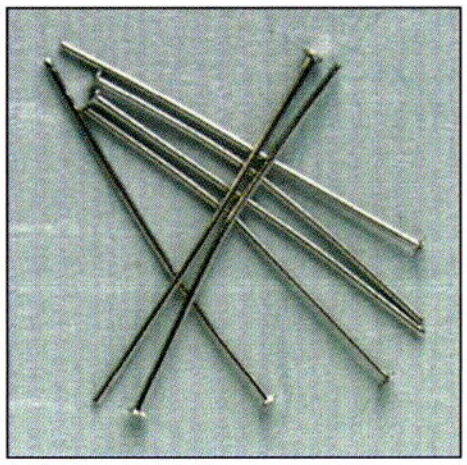

* Veerring / federring / springring / anneaux

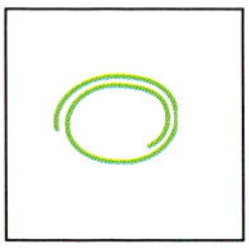

* Veerringsluiting, karabijnsluiting /
Federring mit Spaltring, Karabiner Schließe /
Bolt and spring ring, clasp /
Fermoir à ressort, ferm mousqueton.

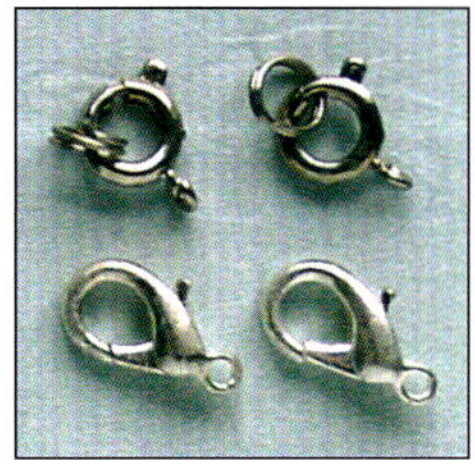

## *DE LENGTE VAN DE DRAAD / DIE LÄNGE DER FADEN / THE LENGTH OF THE THREAD / LE TAILLE DU FIL*

*RING / RING / RING / BAGUE*
80 cm

*ARMBAND / ARMBAND / BRACELET / BRACELET:*
1.20 cm

*KETTING / KETTE / CHAIN / CHAÎNE:*
1.80 cm

*HANGER / ANHÄNGER / PENDANT / PENDEN-TIF:*
80 cm

*OORBEL / OHRRING / EARRING/ BOUCLE D'OREILLE:*
50 cm

## KLEUREN EN MATEN/ FARBEN UND GRÖßEN/ COLORS AND SIZES/ COULEURS ET TAILLES

### GEBRUIKTE KLEUREN EN MATEN:

* De symbolen = soort kraal
* De kleuren = de maat van de kraal of de parel.
* U kunt natuurlijk de kleuren, maar ook de maat van de parels naar eigen wens veranderen. In dat geval moet u erop letten, dat de verhoudingen onderling in overeenstemming blijven. D.w.z. als u een van de kralen in een grotere maat neemt, moet u de andere gebruikte kralen in maat daarop aanpassen, dus ook vergroten.

### DIE FARBEN UND GRÖßEN DER PERLEN

* Die Symbole  = die benutzten Perlen.
* Die verschiedene Farben = die Größe der Perlen.
* Selbstverständlich können Sie die Farbe und Größe der Perlen angleichen an Ihren Geschmack. In solch einem Fall sollten Sie darauf achten, daß die Proportionen stimmen.

### THE COLORS AND SIZES

* The symbols indicate which bead is used.
* The different colors indicate the size of the beads.
* You can alter the color and the size of the beads. In that case you need to be aware that the beads need to stay in the right proportion. If you use a larger bead, you need to adjust the other beads.

### LES COULEURS ET LES TAILLES DES PERLES

* Les symboles indiquent quelles sortes de perles à utiliser.
* Les couleurs différentes indiquent la taille des perles à utiliser.
* Les tailles des perles dans les exemples sont également indiquées. Il est clair que vous pouvez changer les couleurs et les tailles des perles selon votre goût. Respectez dans tous les cas les proportions.

| | |
|---|---|
| 3 mm | 4 mm |
| 6 mm | 8 mm |
| 7 mm | 15 mm |
| 5 mm | |
| 8/0 | 11/0 |

**A**

MATERIAAL/MATERIAL/MATERIALS/
MATÉRIEL A:

- 4 mm = 62x
- 5 mm = 6 x

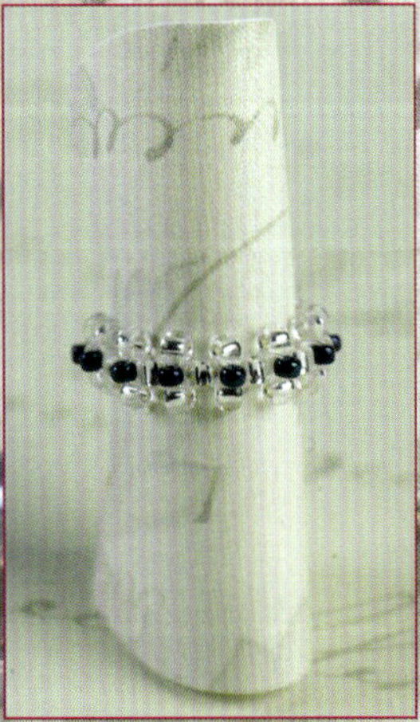

**B**

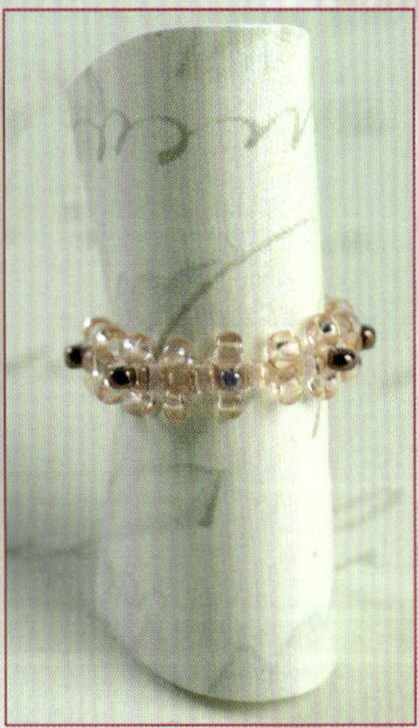

## START

### A

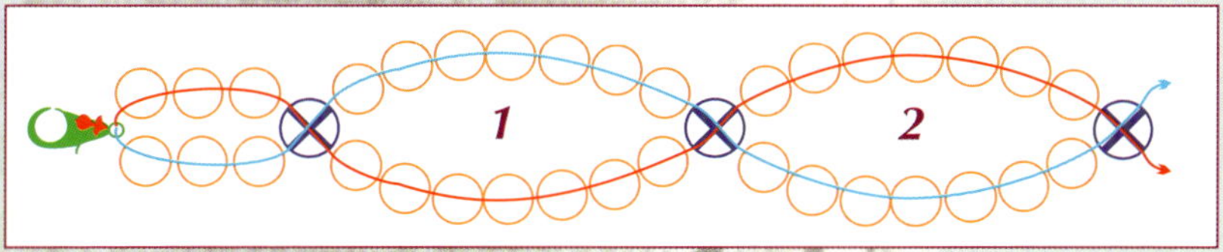

## SIMPLE

### B

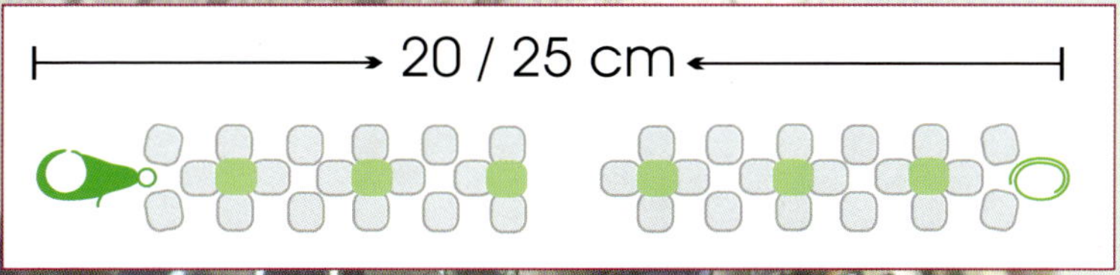

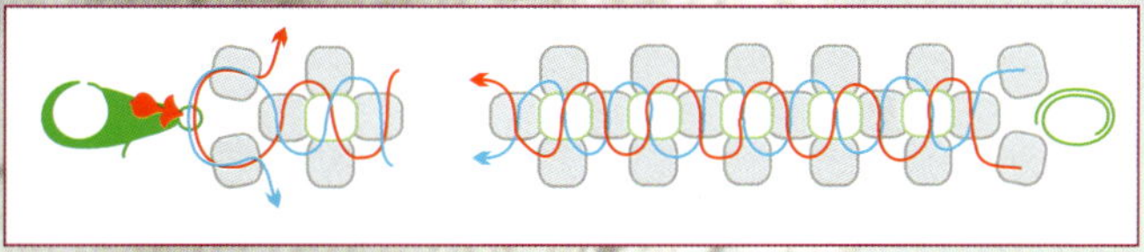

## SIMPLE : RING/RING/RING/BAGUE

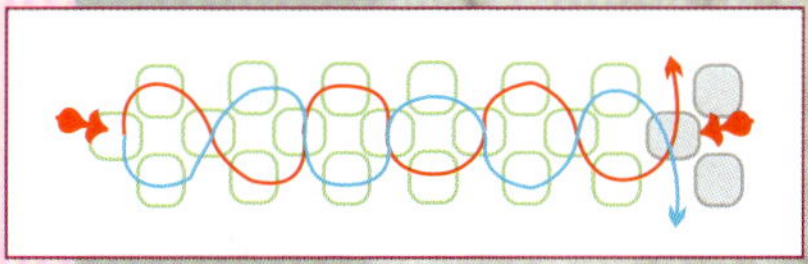

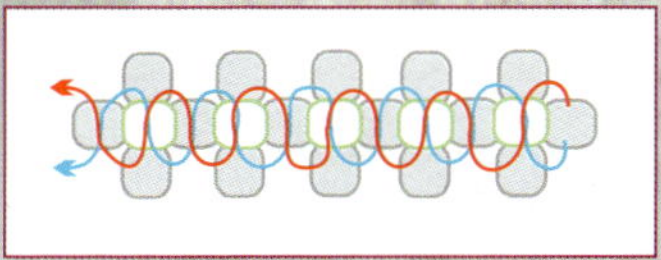

MATERIAAL/MATERIAL/MATERIALS/ MATÉRIEL B:

- 11/0
- 8/0

MATERIAAL/MATERIAL/MATERIALS/
MATÉRIEL A:

4 mm = 160x

5 mm = 15 x

## START

### KETTING / KETTE / CHAIN / CHAÎNE:

## A

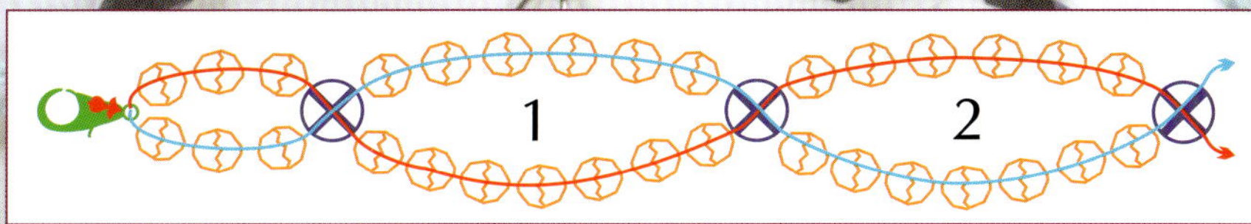


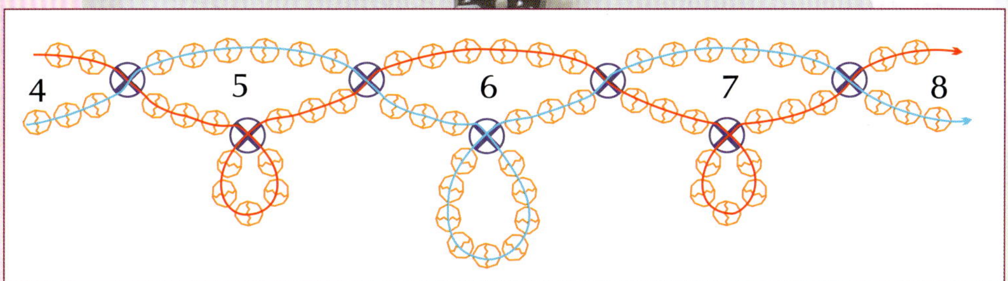


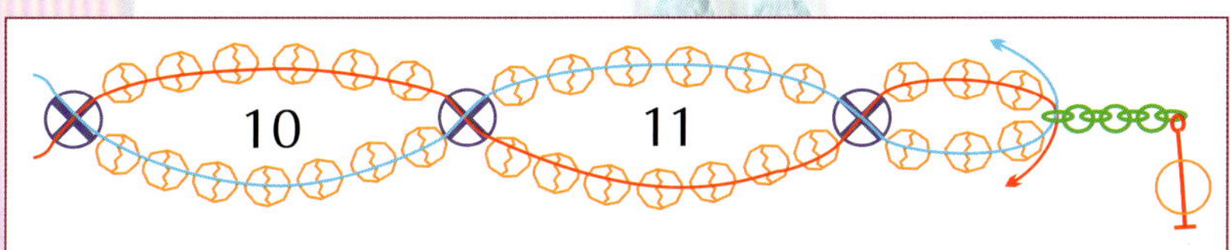


### RING/RING/RING/BAGUE

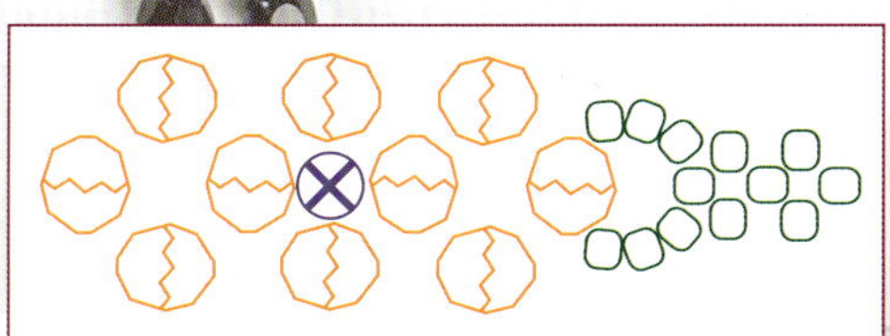

## B

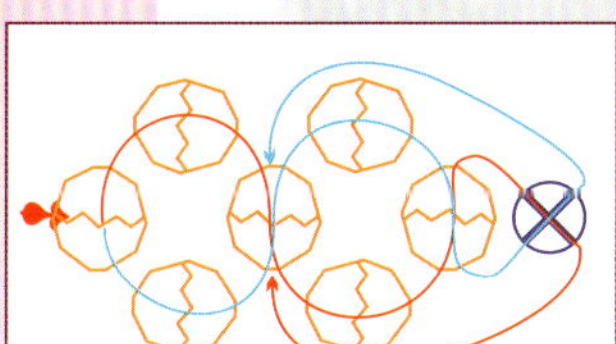

MATERIAAL/MATERIAL/MATERIALS/
MATÉRIEL B:

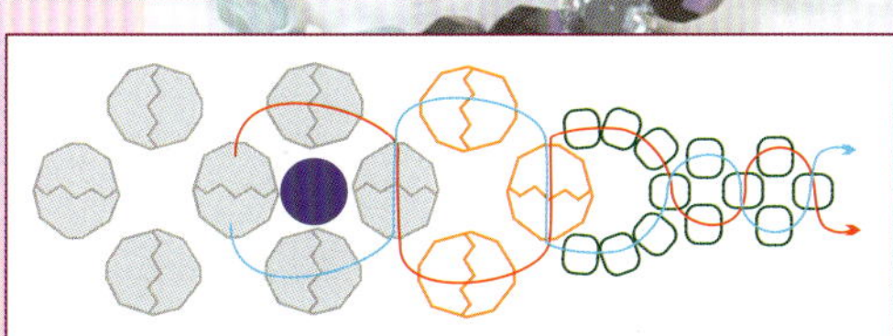

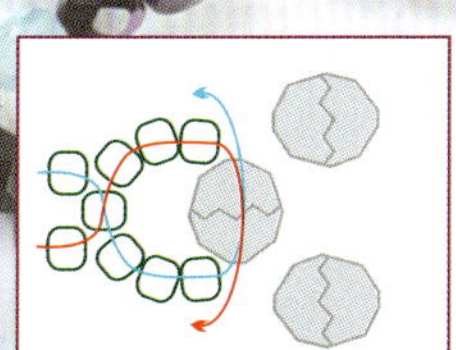

*MATERIAAL/MATERIAL/ MATERIALS/ MATÉRIEL:*

6 mm = 39 x

4 mm = 33 x

4 mm = 48 x

11/0

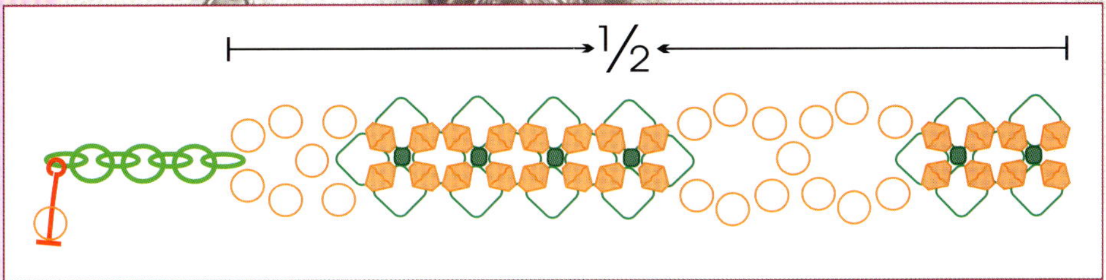
1/2

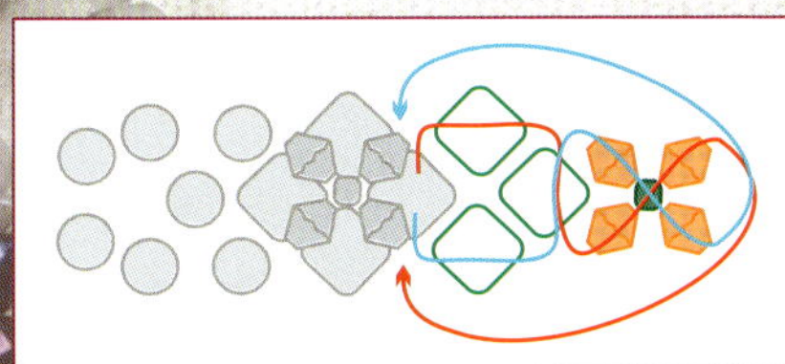

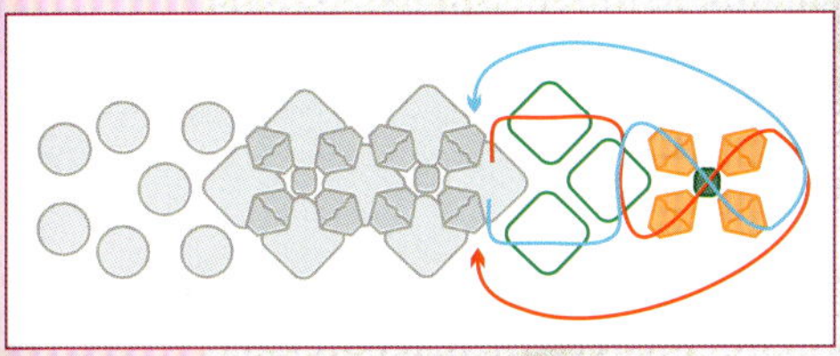

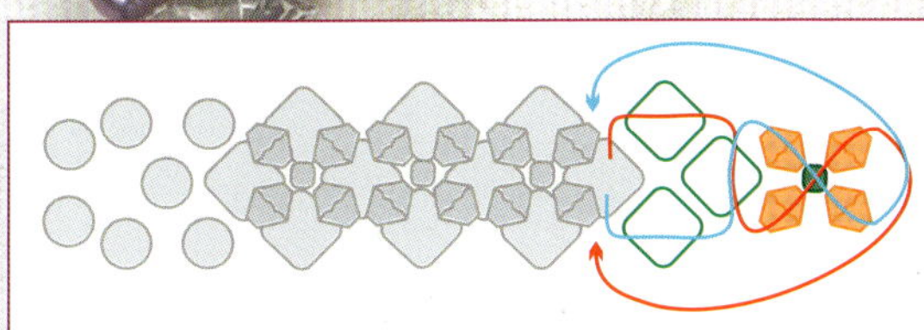

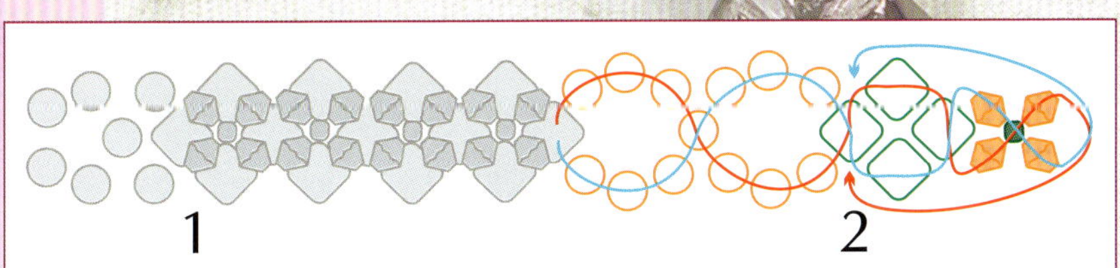
1
2

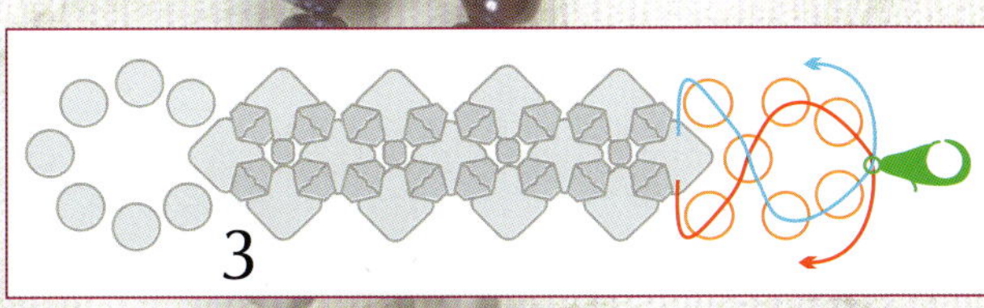
3

# ELEGANCE

## KETTING / KETTE / CHAIN / CHAÎNE:

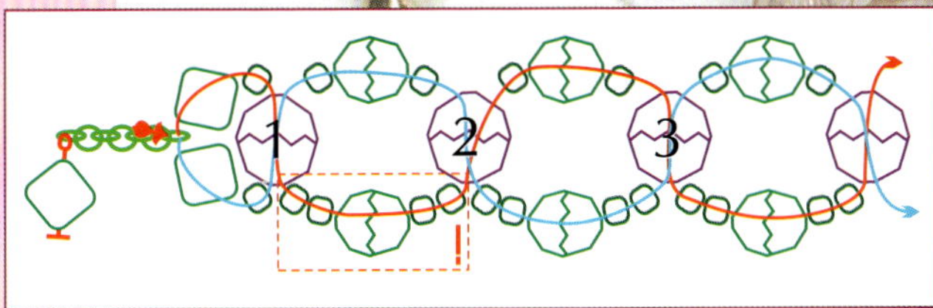


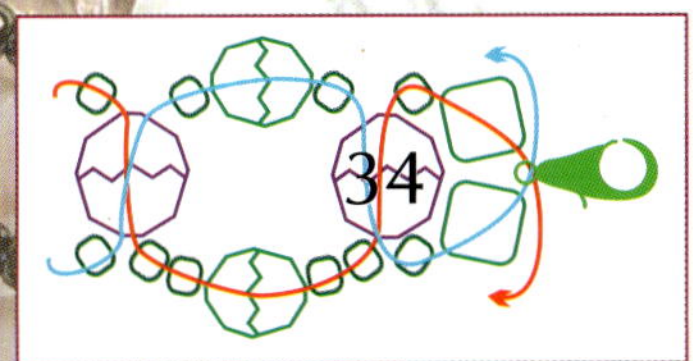


MATERIAAL/MATERIAL/MATERIALS/ MATÉRIEL:

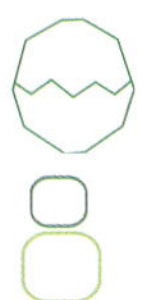

6 mm = 66 x
8 mm = 34 x

11/0

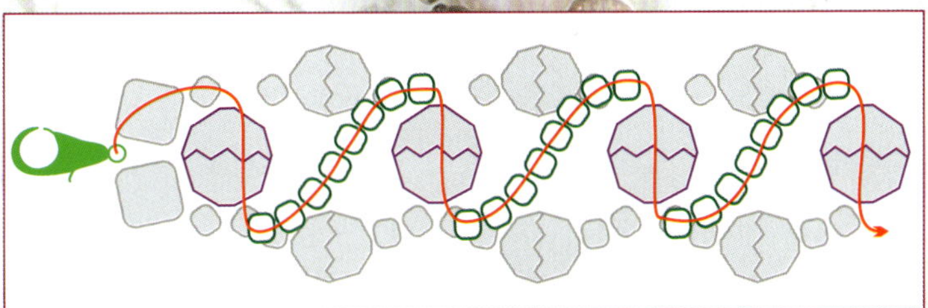

## ARMBAND / ARMBAND / BRACELET / BRACELET:

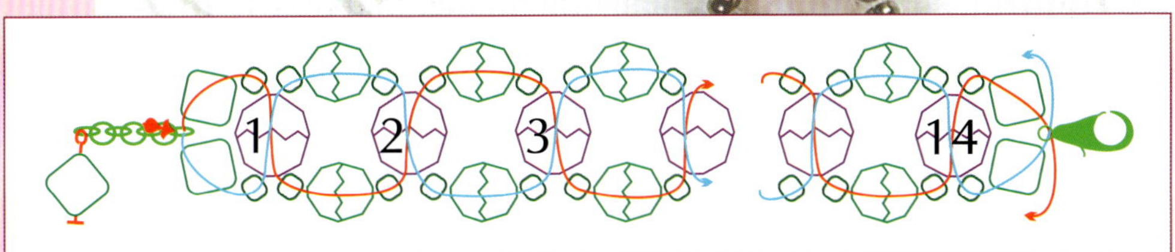


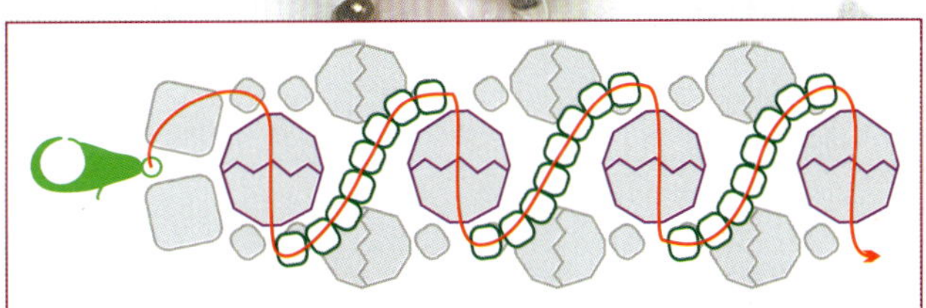

MATERIAAL/MATERIAL/
MATERIALS/ MATÉRIEL:

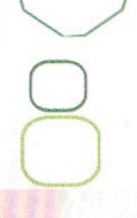

6 mm = 26 x
8 mm = 14 x

11/0

1 x

2x

## TRIOMINO

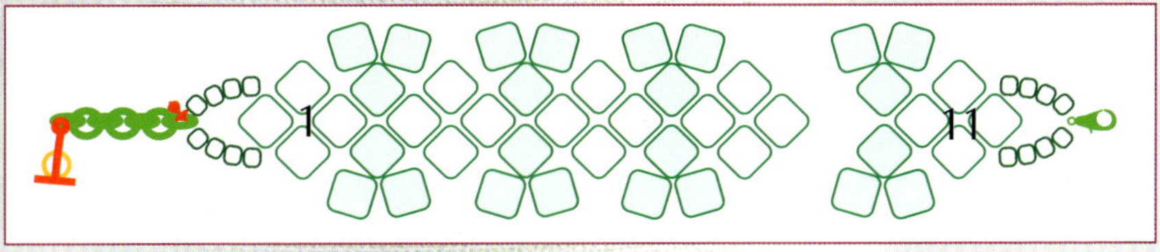


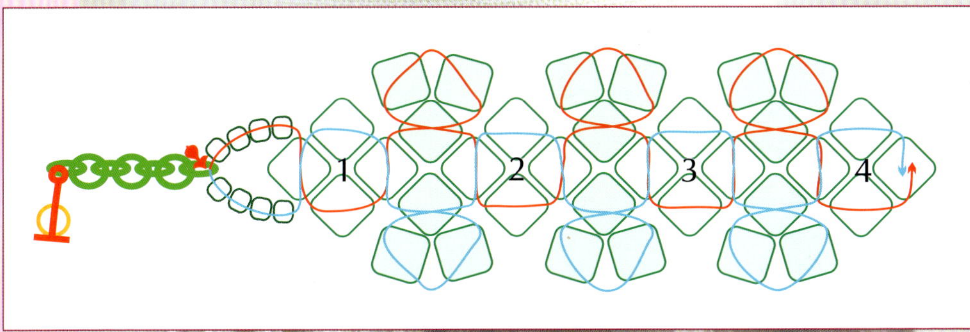


MATERIAAL/MATERIAL/
MATERIALS/ MATÉRIEL:

6 mm = 104 x

11/0

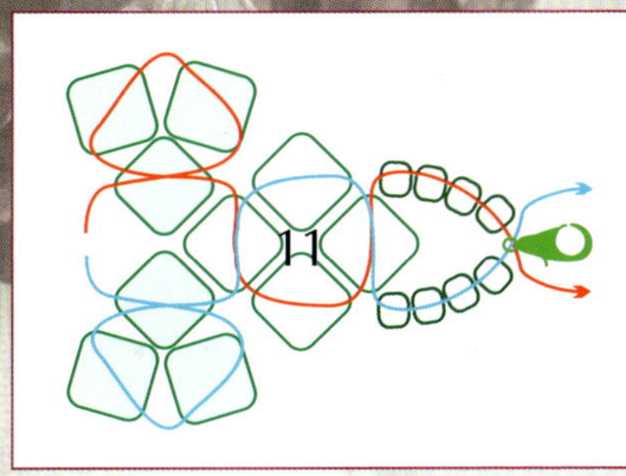


## RING/RING/RING/BAGUE

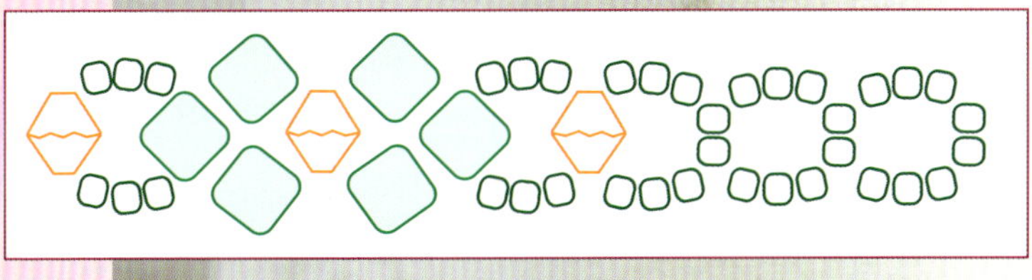

6 mm = 6 x

11/0

4 mm = 3 x

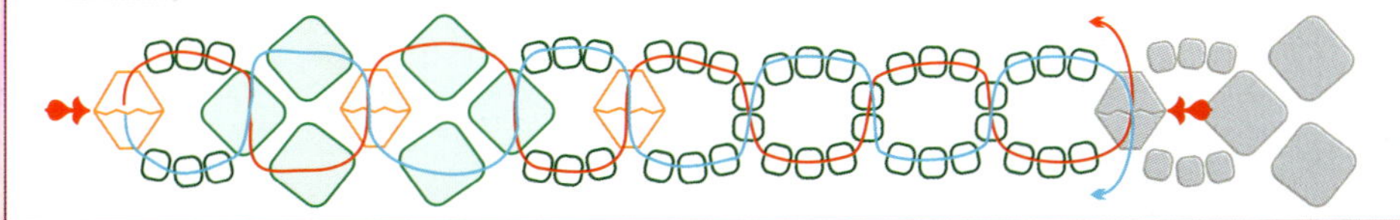

*A*

## BOULE CAREÉ

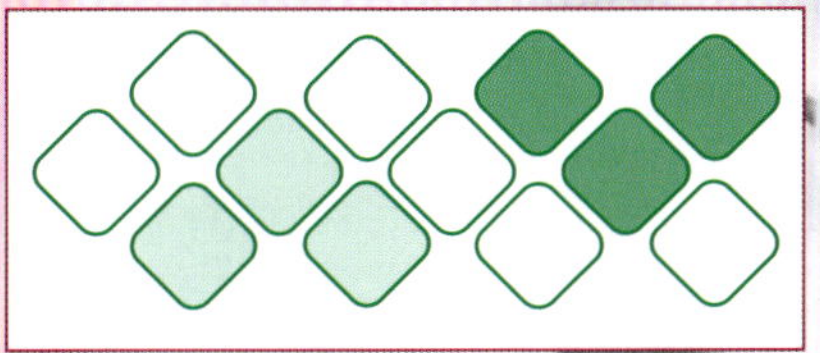

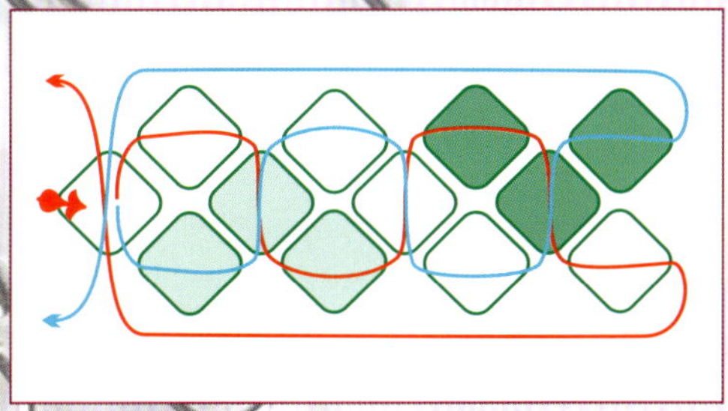

MATERIAAL/MATERIAL
/MATERIALS/ MATÉRIEL:

6 mm = 12 x

## VARIATIE / VARIATION / VARIATION / VARIATION:

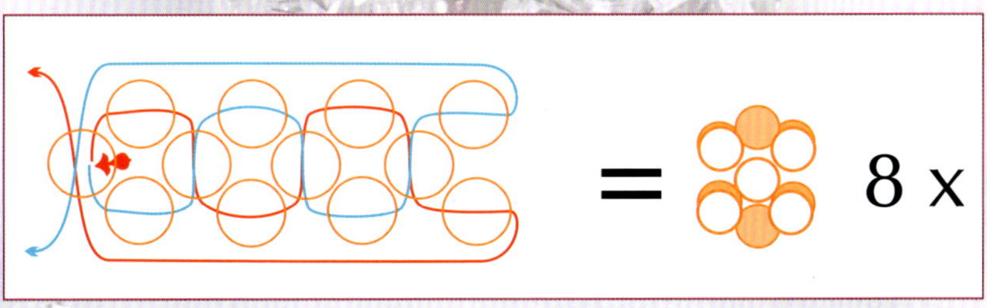


A

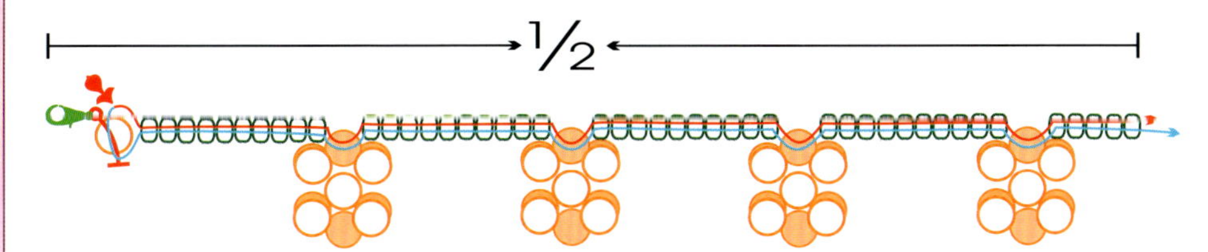


MATERIAAL/MATERIAL
/MATERIALS/ MATÉRIEL:

3 mm = 96 x

11/0

*1 X RONDO*
*4 X BOULE CARÉE*

*1 X RONDO*
*2 X BOULE CARÉE*

# RONDO

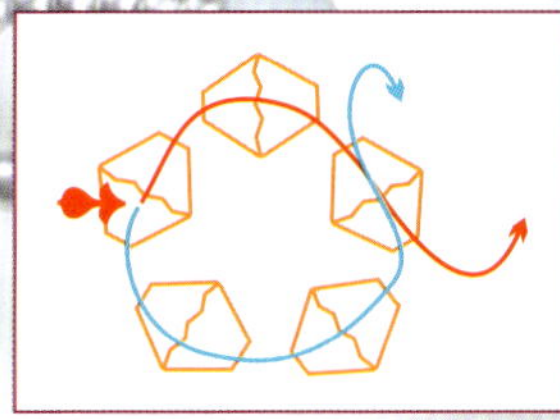

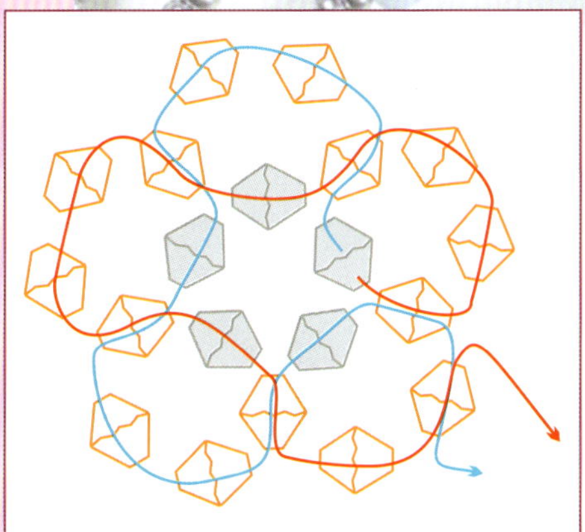

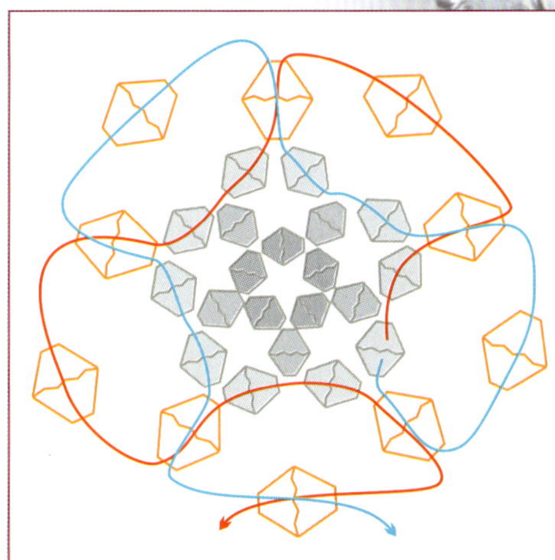

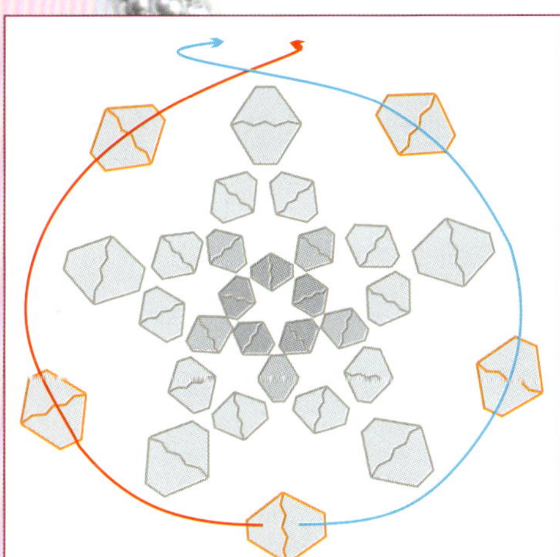

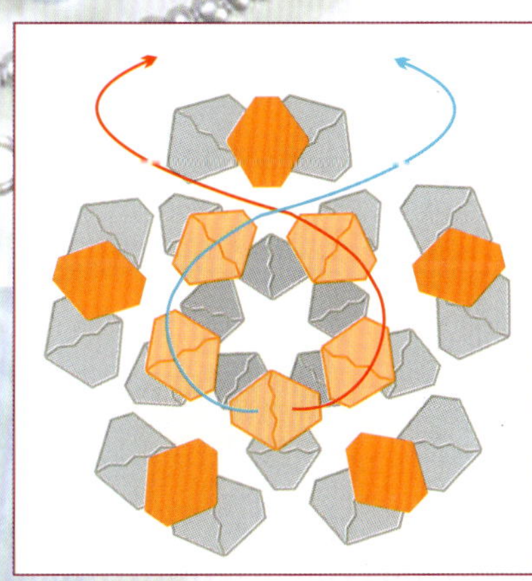

*MATERIAAL/MATERIAL/MATERIALS/ MATÉRIEL:*

 4 mm = 30 x

# OCTAGON

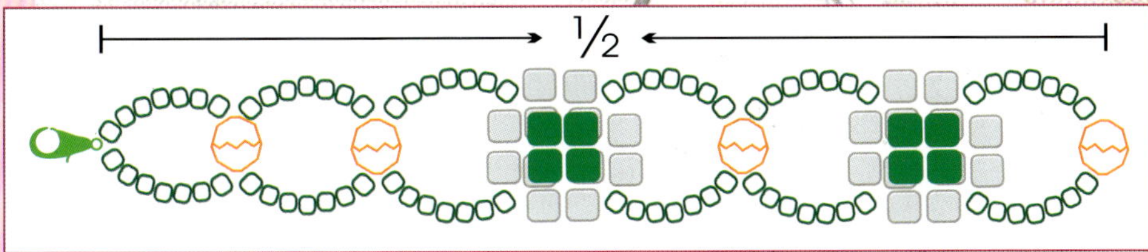


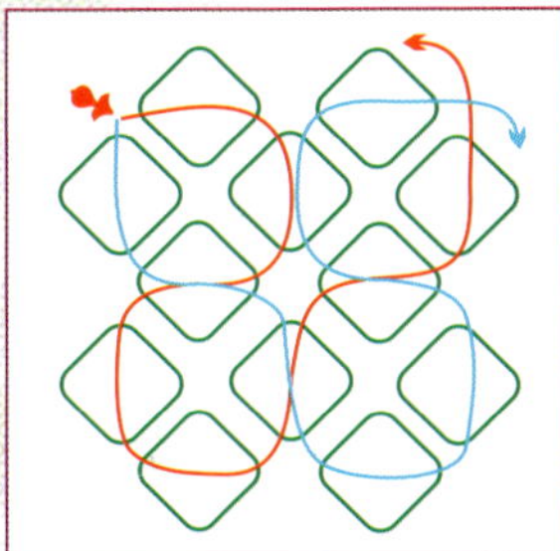

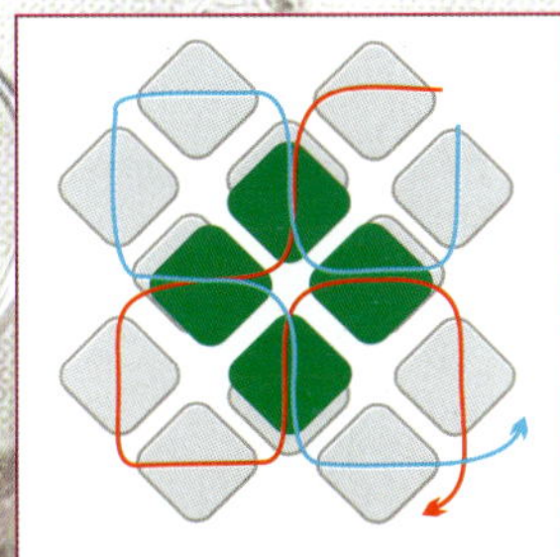

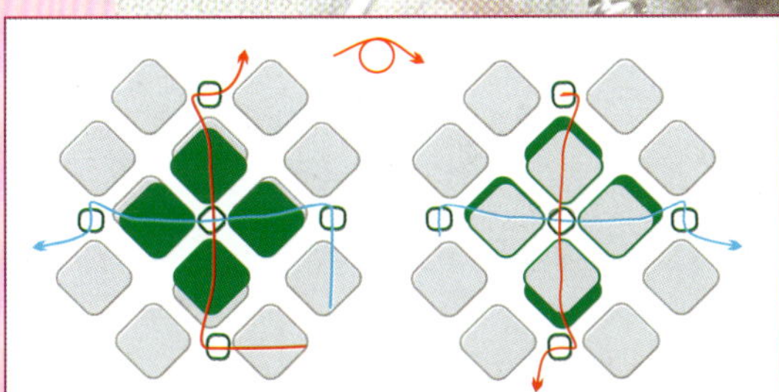

MATERIAAL/MATERIAL/
MATERIALS/ MATÉRIEL:

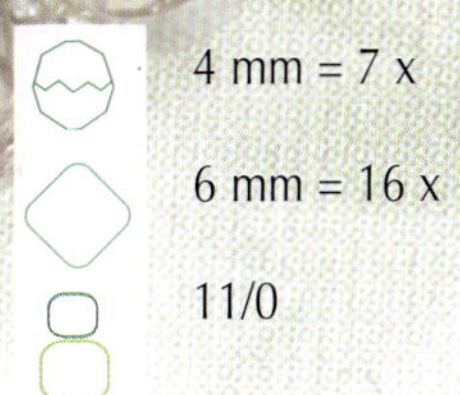

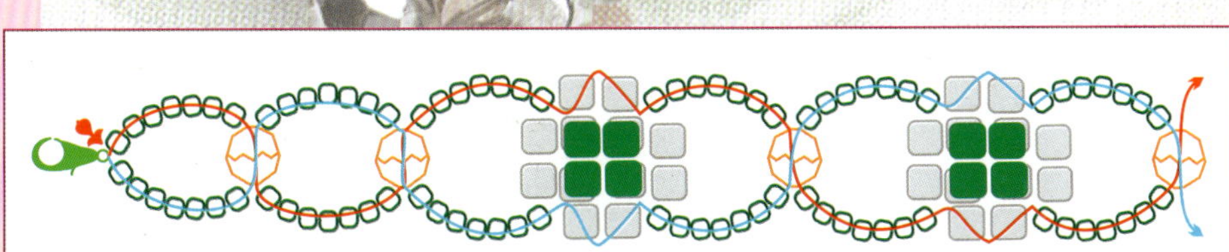

MATERIAAL/MATERIAL/MATERIALS/ MATÉRIEL:

6 mm = 12 x
4 mm = 22 x

4 mm = 12 x

11/0

## DOLCE

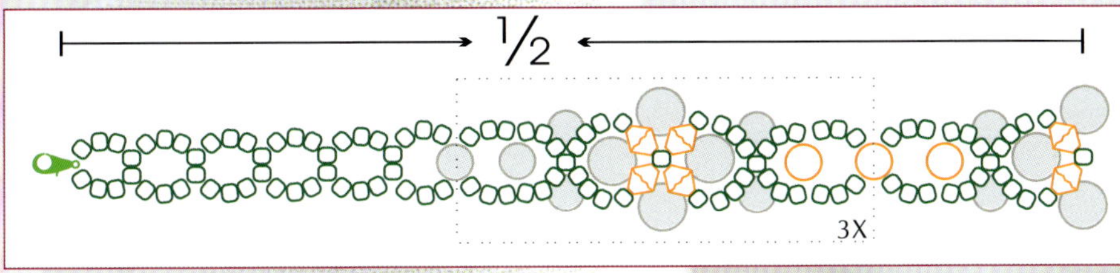


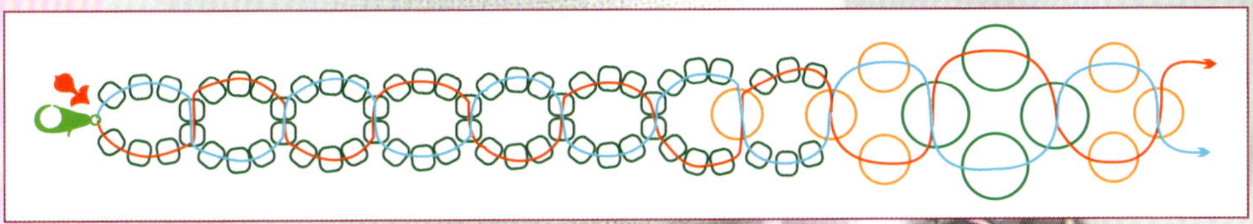

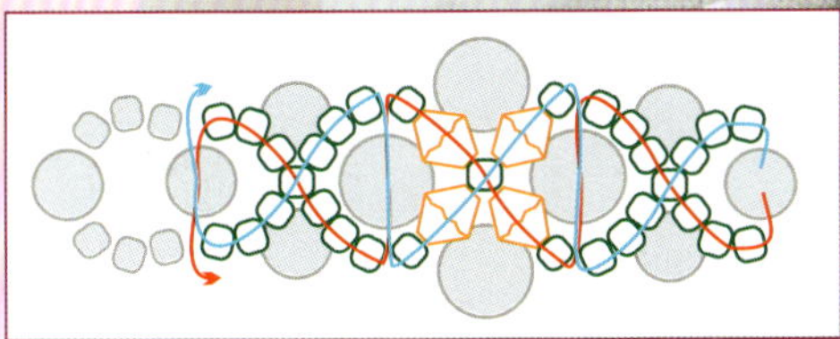

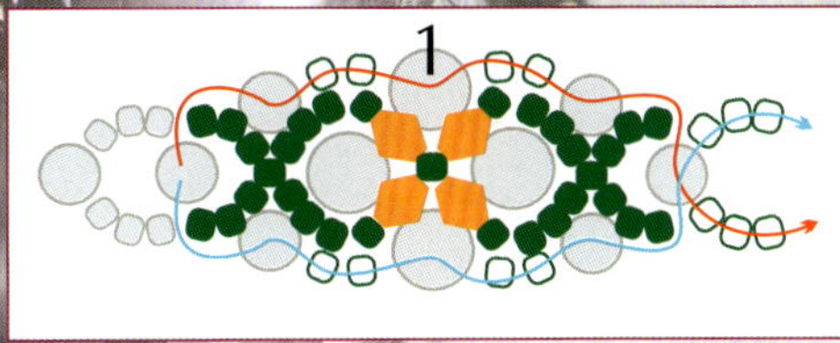


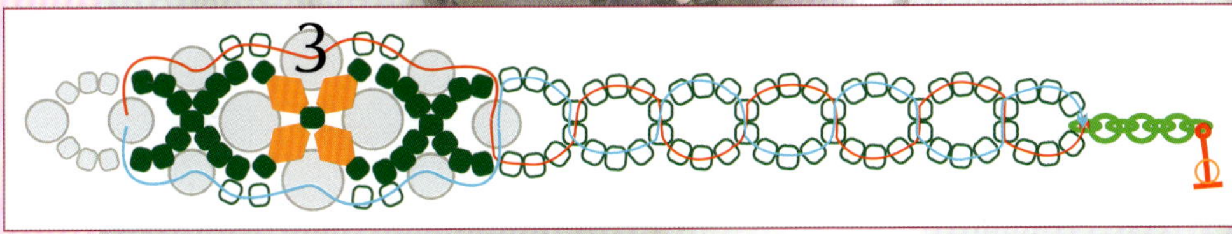


## RING/RING/RING/BAGUE

6 mm = 4 x
4 mm = 6 x

4 mm = 4 x

11/0

*MATERIAAL/MATERIAL/*
*MATERIALS/ MATÉRIEL A:*

4 mm = 54 x

11/0

1 x

## JOYFULL & CONTRAST

**A**

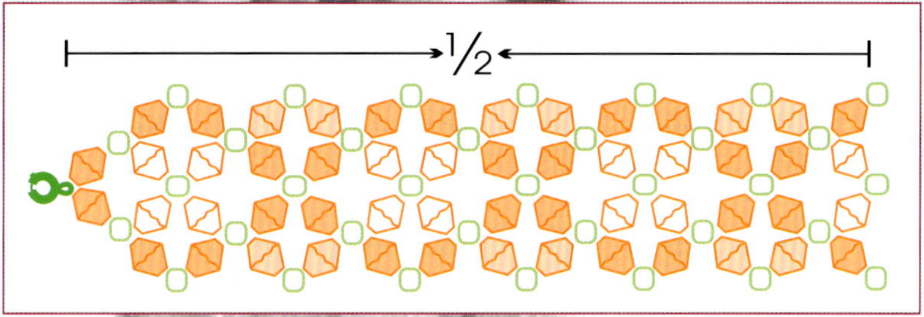


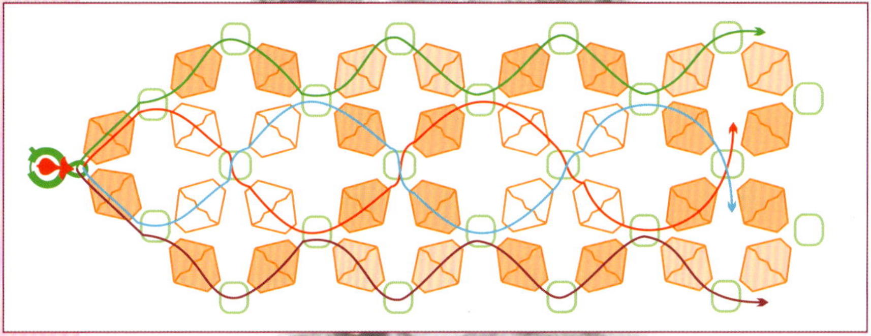

**B**

*MATERIAAL/MATERIAL/ MATERIALS/ MATÉRIEL B:*

- 6 mm = 100 x
- 11/0
- 5 mm = 10 x

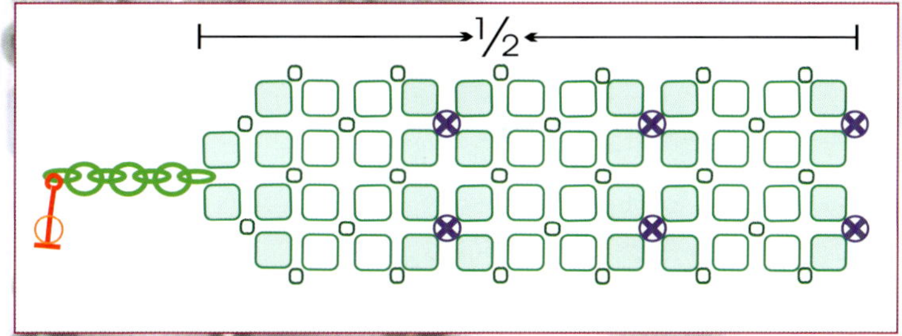


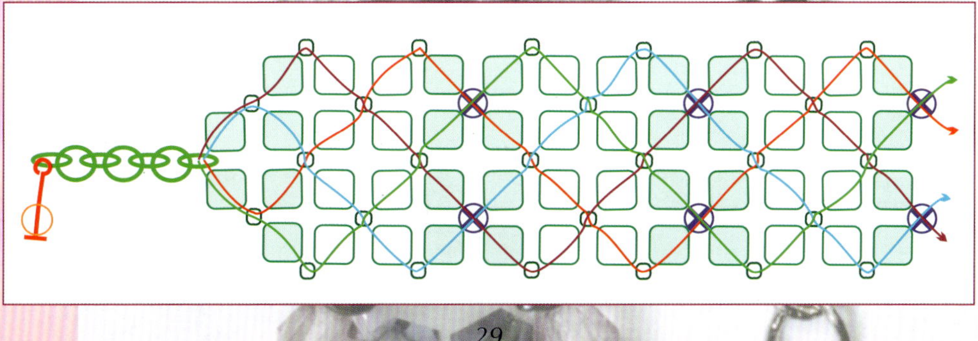

# ANTIQUE

MATERIAAL/MATERIAL/
MATERIALS/ MATÉRIEL:

4 mm = 38 x
8 mm = 1 x

6 mm = 16 x

8.0
11.0

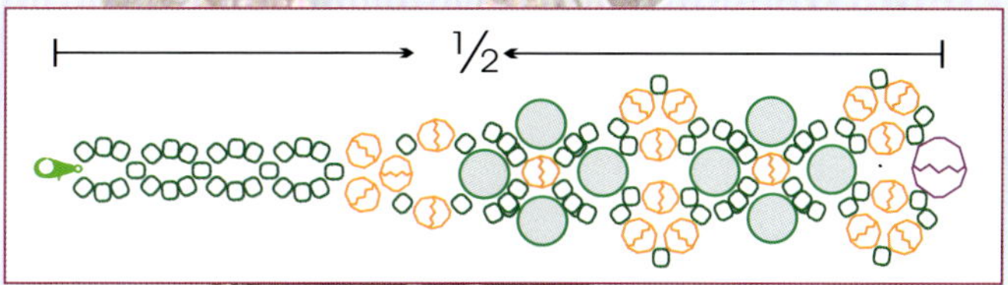


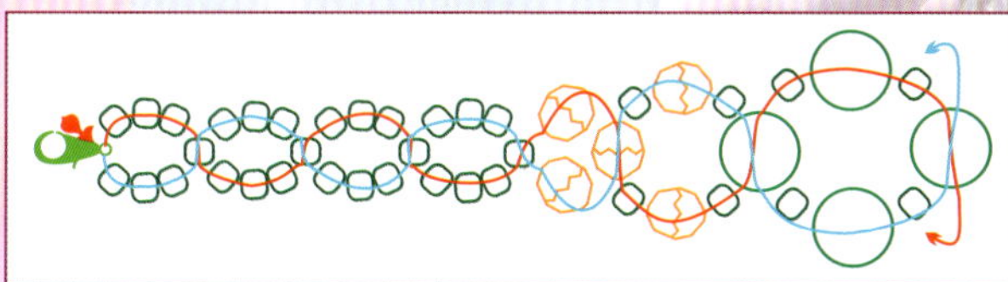

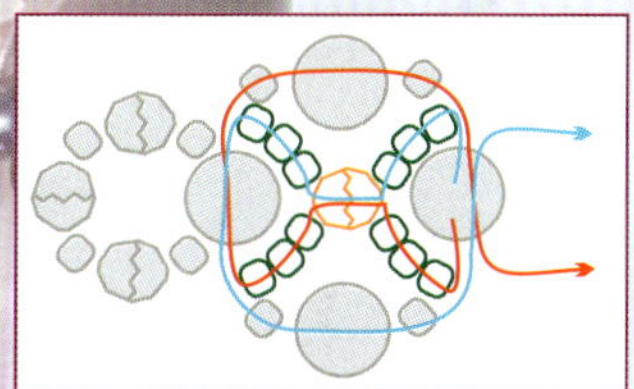

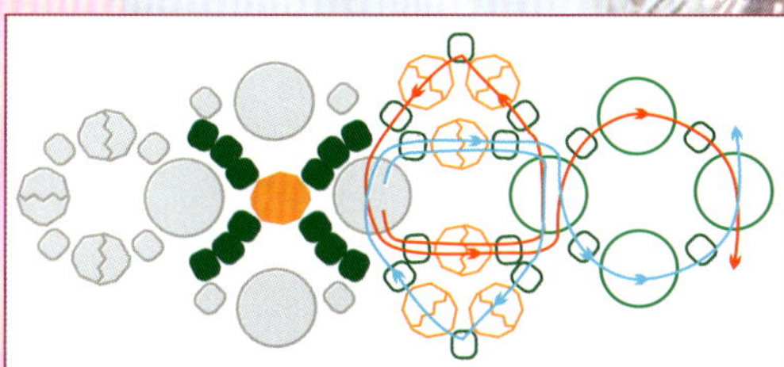

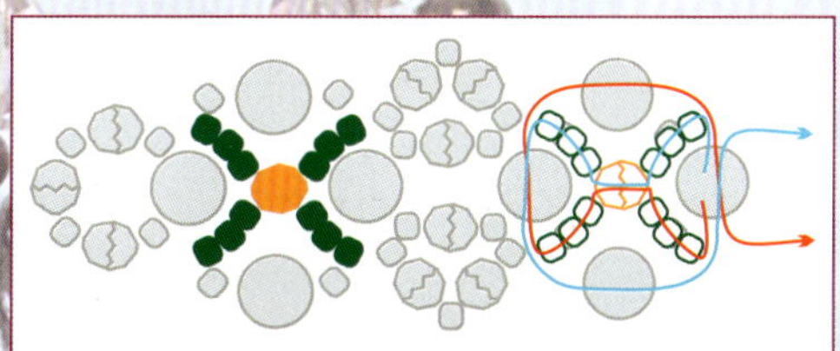

MATERIAAL/MATERIAL/MATERIALS/ MATÉRIEL:

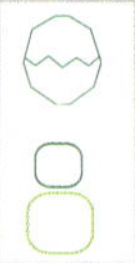

4 mm = 14 x
8 mm = 1 x

11/0

4 mm = 2 x
6 mm = 2 x

## RING/RING/RING/BAGUE

## BEAUTY

### ARMBAND / ARMBAND / BRACELET / BRACELET:

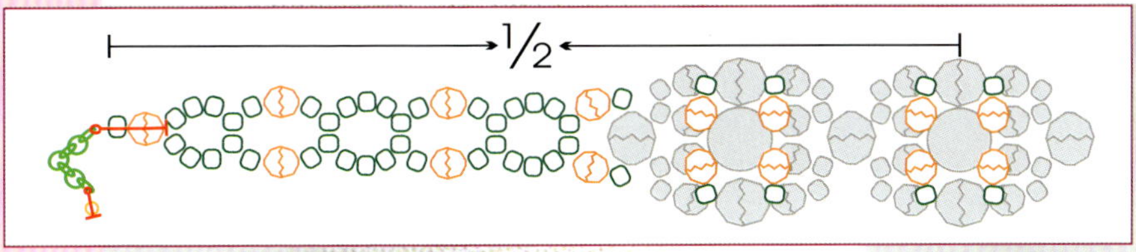


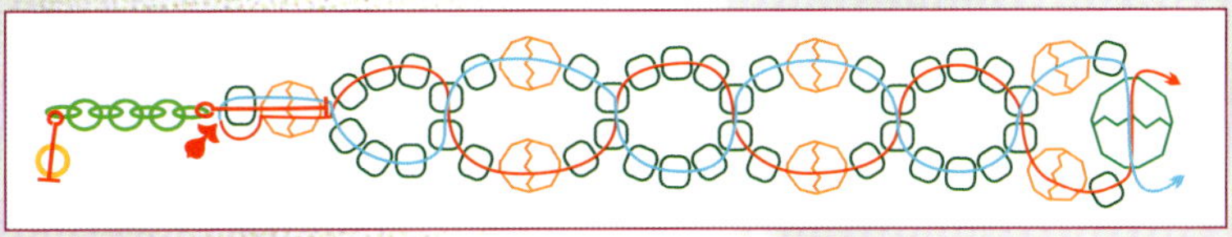

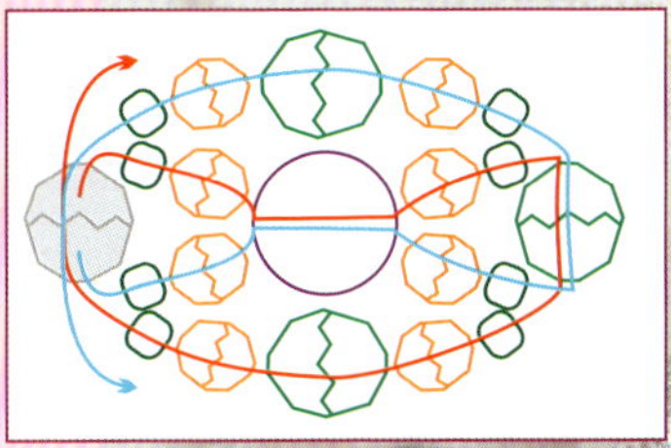

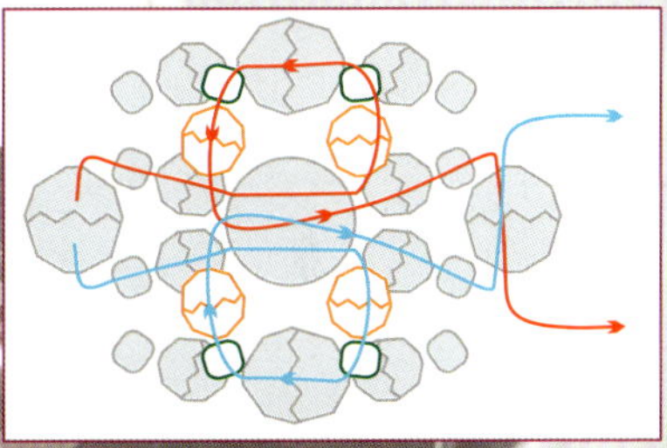

MATERIAAL/MATERIAL/MATERIALS/
MATÉRIEL:

4 mm = 50 X
6 mm = 10 x

11/0

8 mm = 3 x

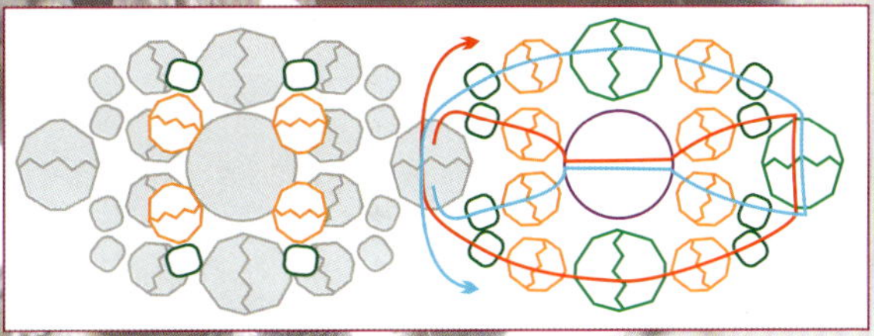

### RING/RING/RING/BAGUE

4 mm = 16 x
6 mm = 4 x

11/0

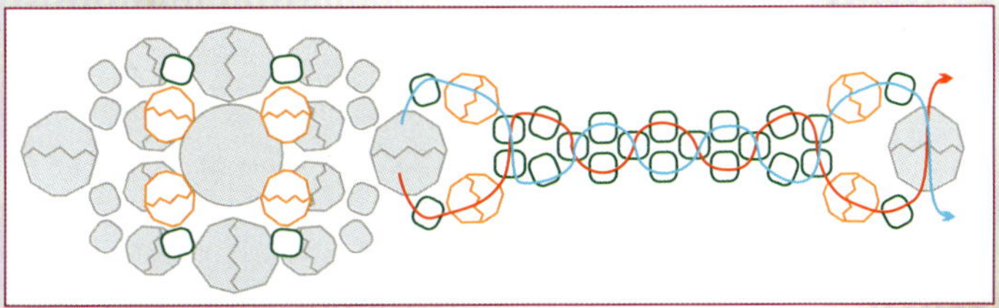

MATERIAAL/MATERIAL/
MATERIALS/ MATÉRIEL:

4 mm = 14 x

11/0

6 mm = 2 x
8 mm = 3 x

6 mm = 8 x

# SYMETRIE

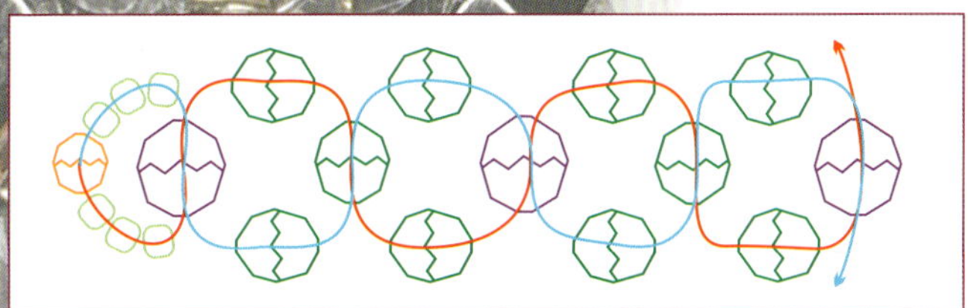

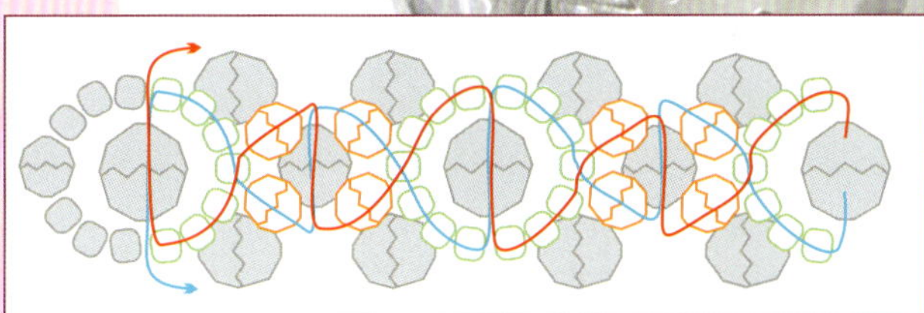

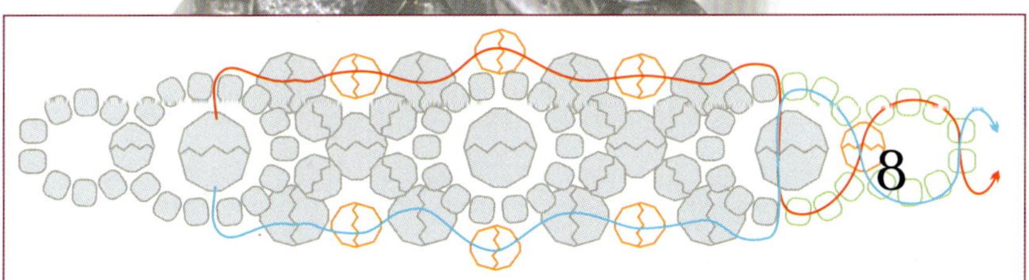

A

MATERIAAL/MATERIAL/
MATERIALS/ MATÉRIEL A:

4 mm = 6 x

6 mm = 2 x
8 mm = 1 x

11/0

6 mm = 4 x

A

B

B

B

A

A

## SYMETRIE

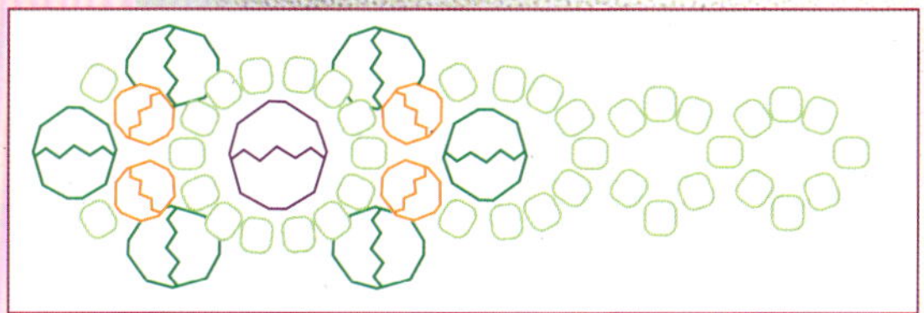

### A RING/RING/RING/BAGUE

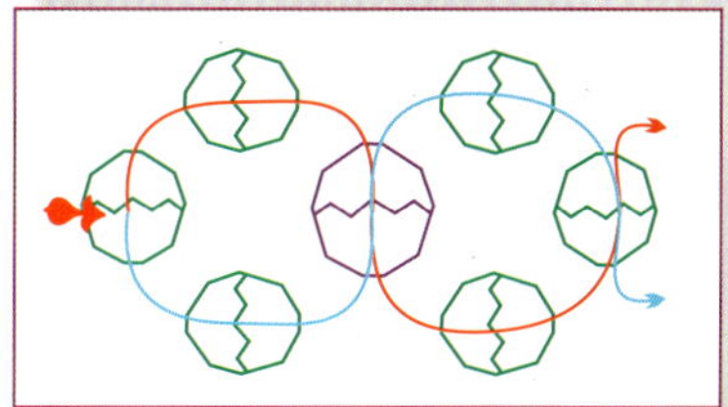

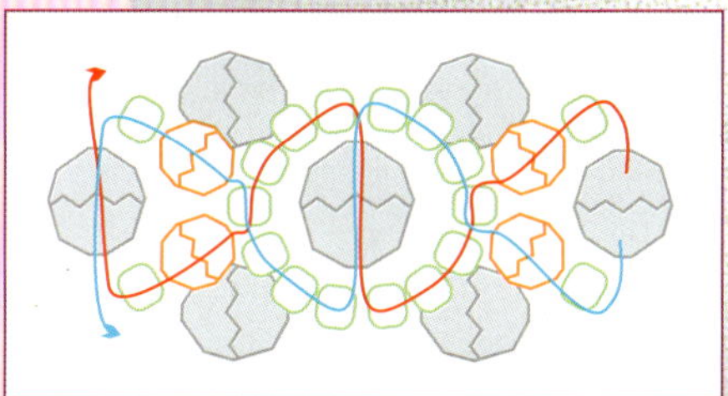

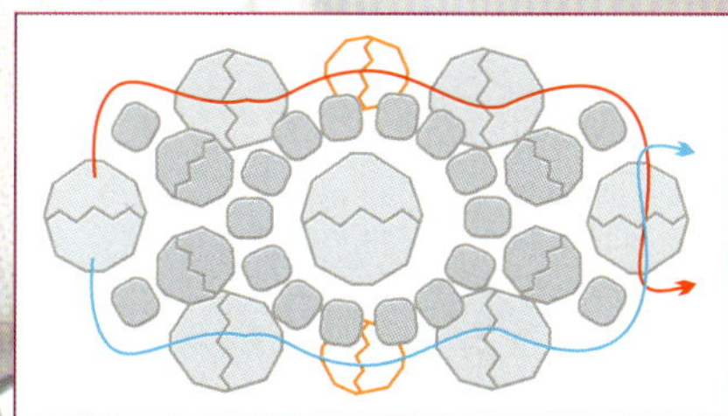

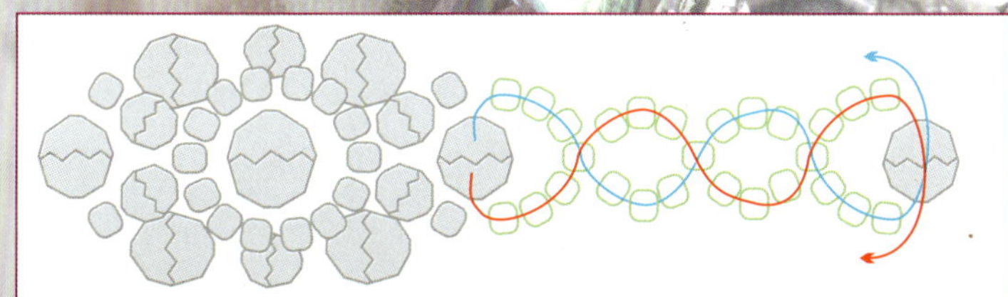

### OORBEL / OHRRING / EARRING / BOUCLE D'OREILLE:

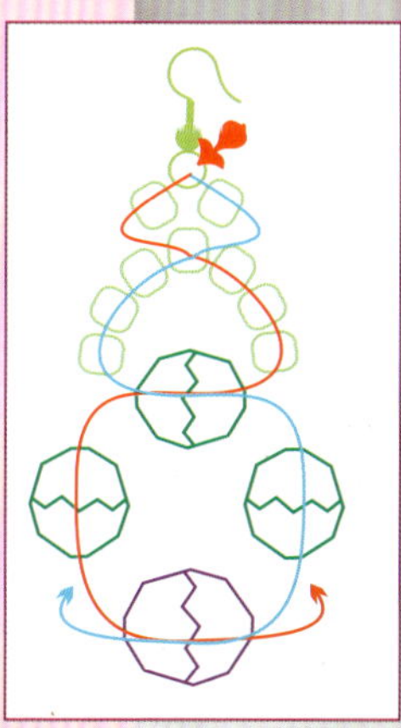

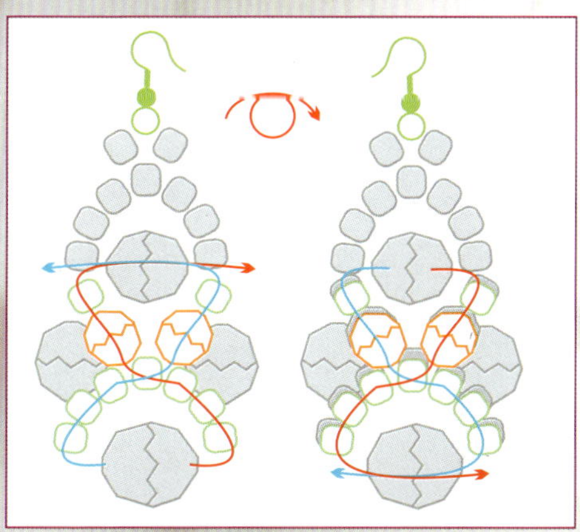

MATERIAAL/MATERIAL/
MATERIALS/ MATÉRIEL B:

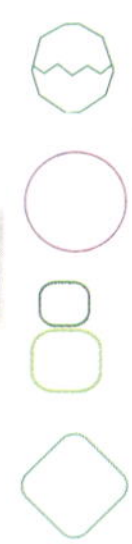

4 mm = 8 x

6 mm = 2 x

8 mm = 2 x

11/0

6 mm = 4 x

# DARLING

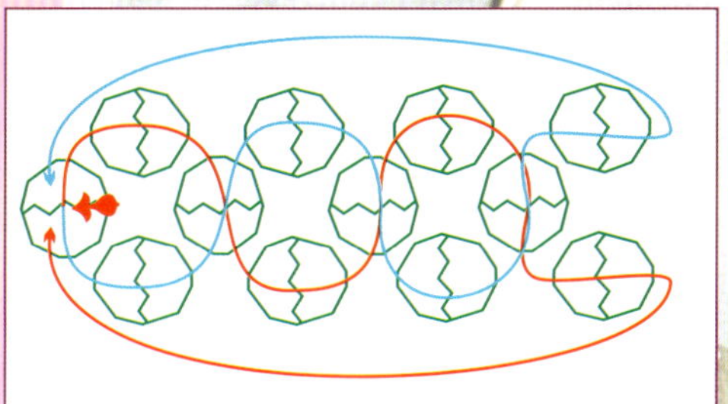

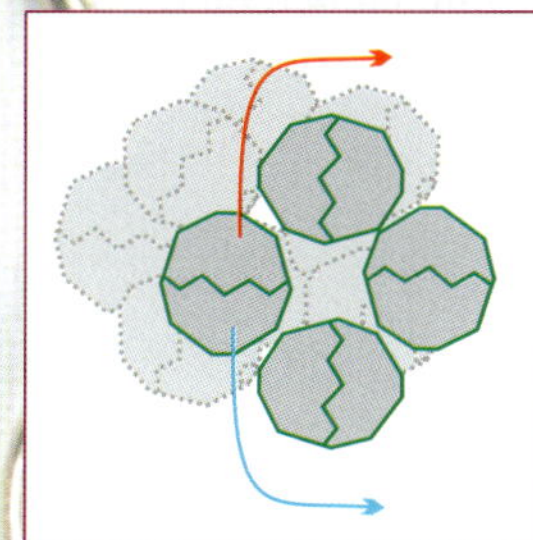

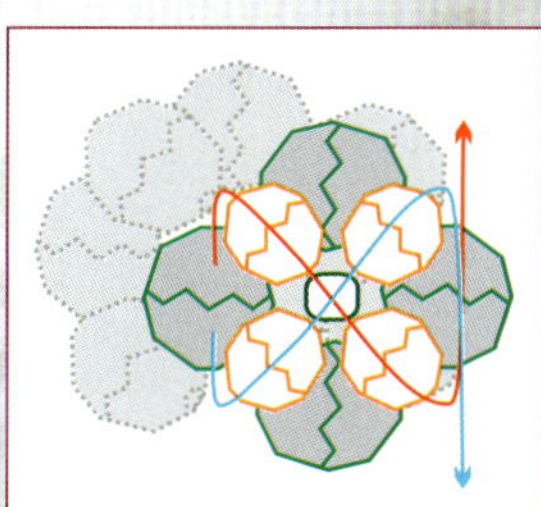

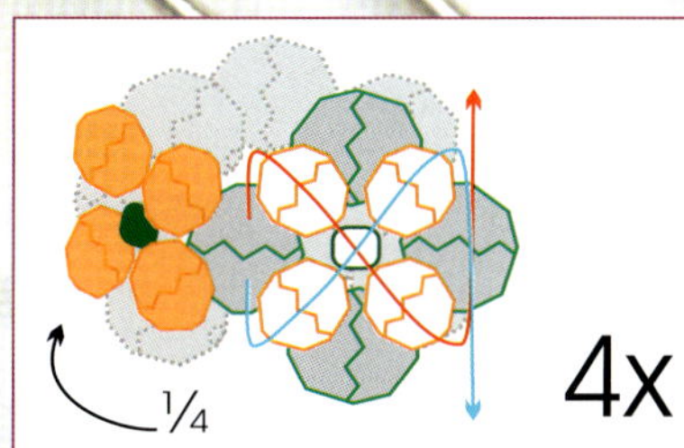


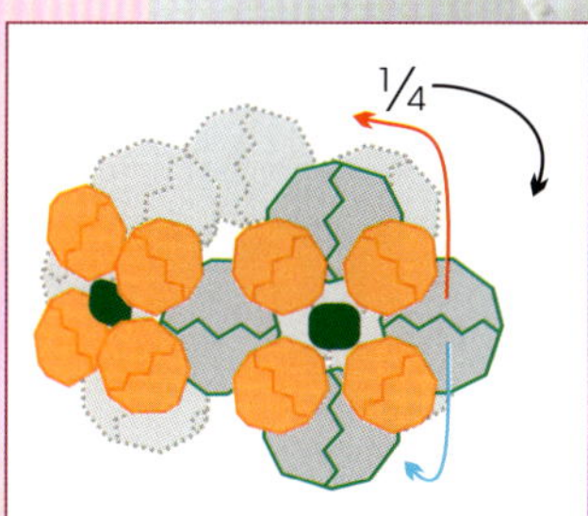


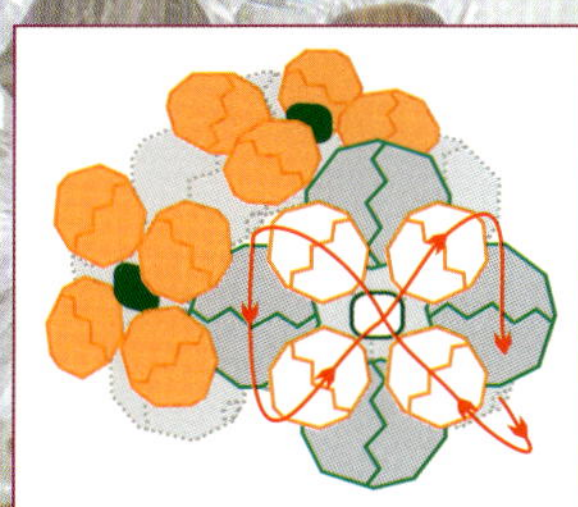

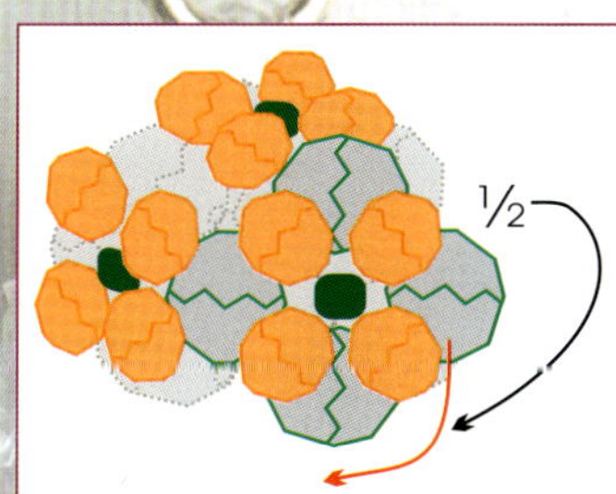


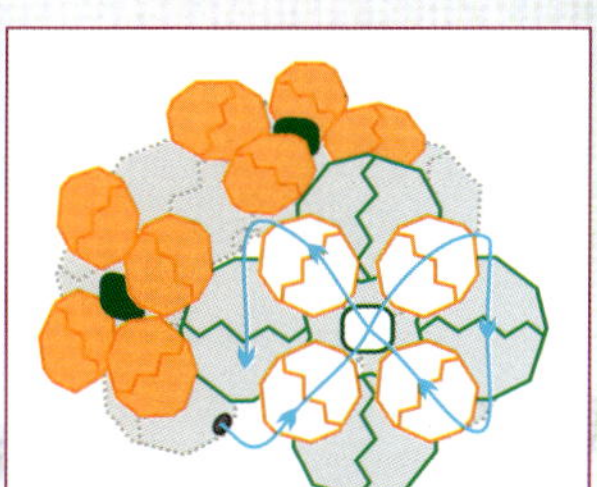

*MATERIAAL/MATERIAL/MATERIALS/ MATÉRIEL:*

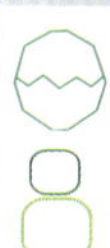

4 mm = 24 x
6 mm = 12 x

11/0

## FLOWER

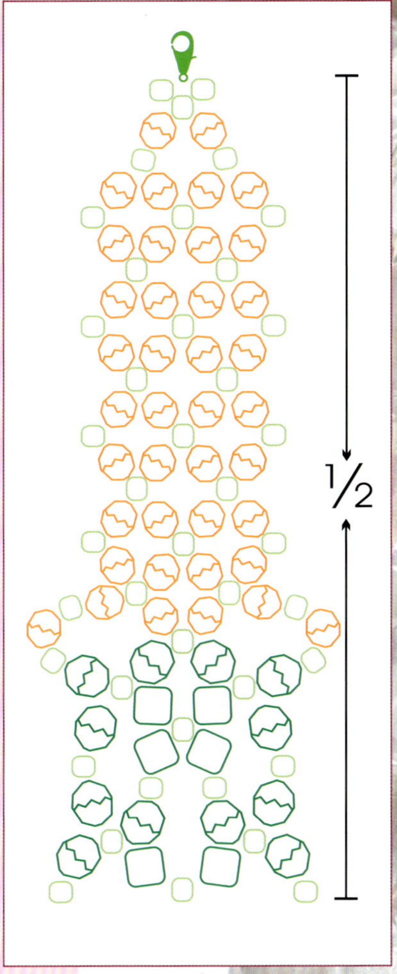


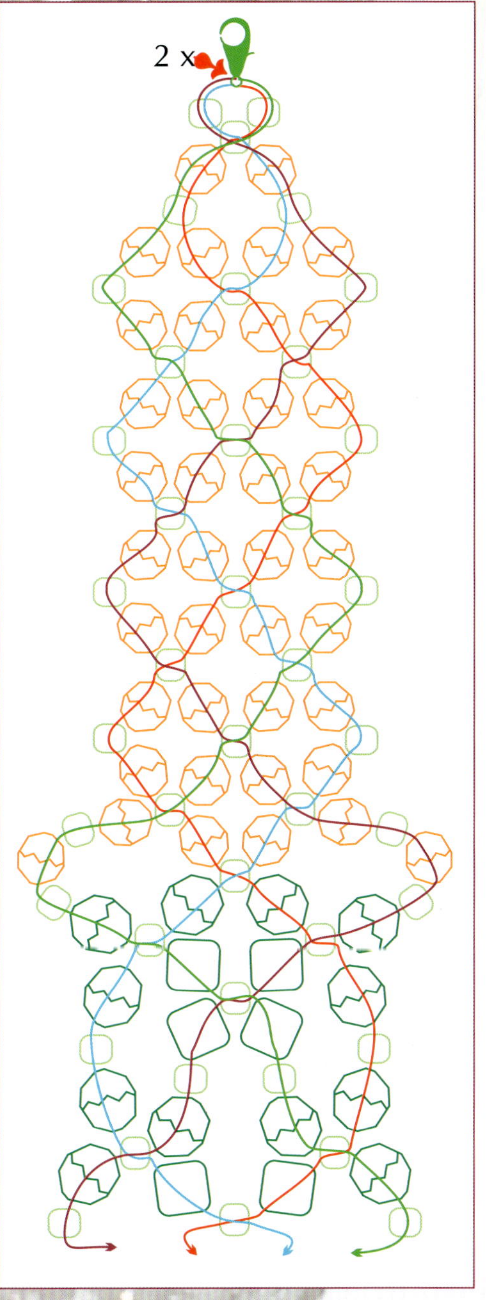


MATERIAAL/MATERIAL/MATERIALS/ MATÉRIEL:

6 mm = 12 x

4 mm = 76 x
6 mm = 24

8/0

*MATERIAAL/MATERIAL/MATERIALS/ MATÉRIEL:*

6 mm = 7 x

4 mm = 12 x

11/0

6 mm = 4 x

## PANSY

### RING/RING/RING/BAGUE

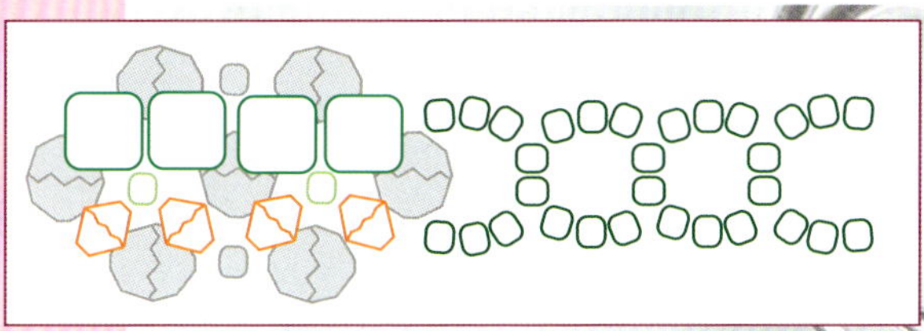

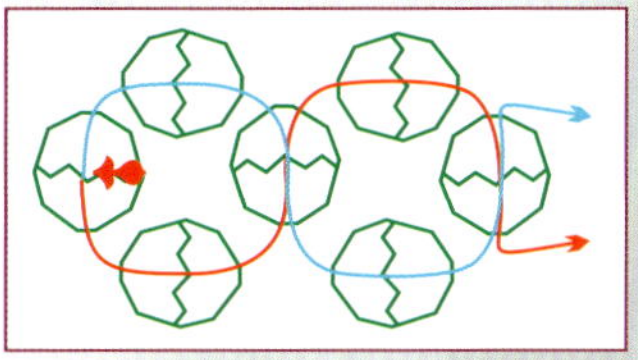

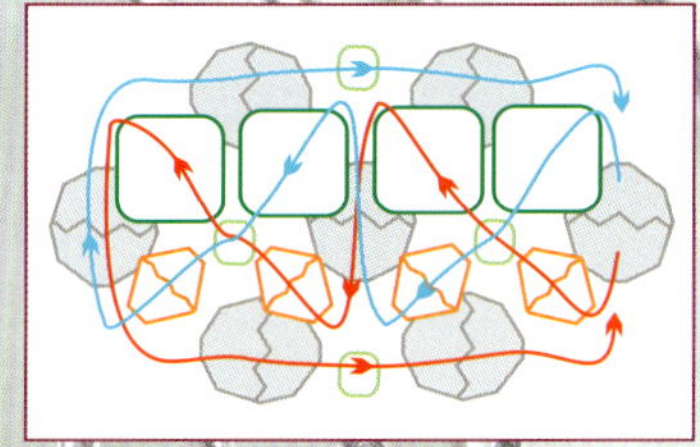

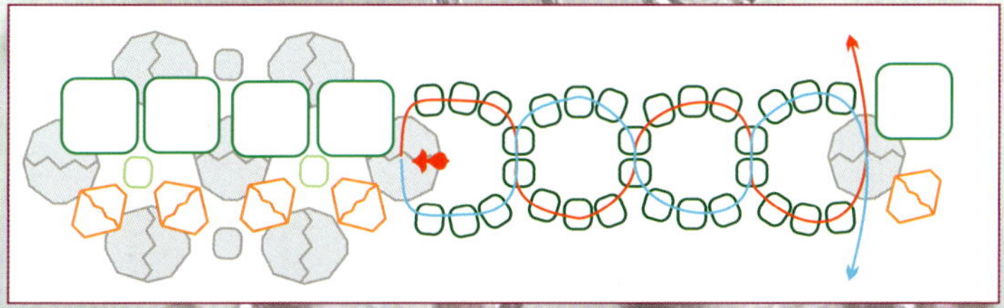

### OORBEL / OHRRING / EARRING / BOUCLE D'OREILLE:

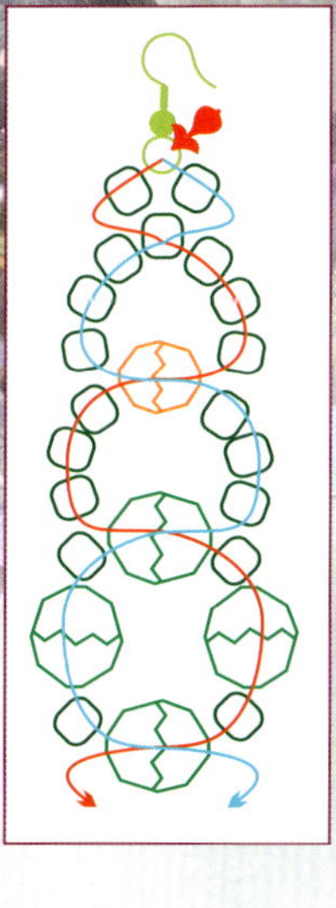

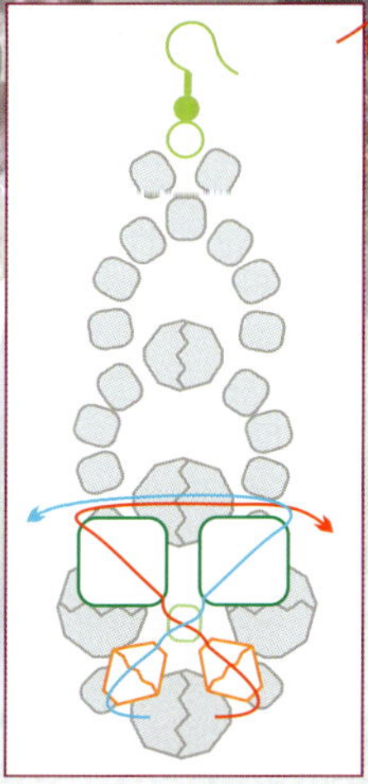

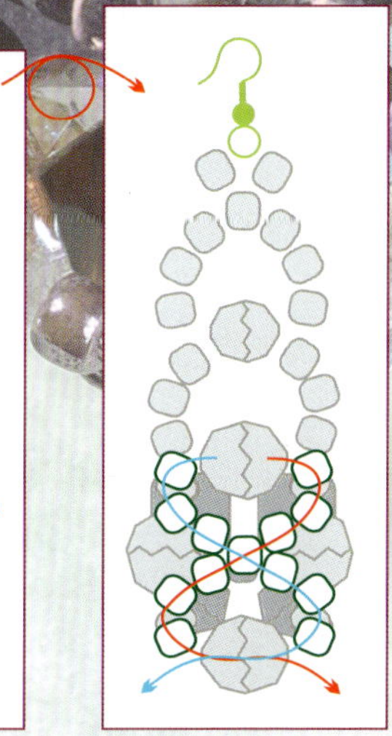

4 mm = 2 x
6 mm = 8 x

4 mm = 12 x

6 mm = 2 x

11/0

*MATERIAAL/MATERIAL/MATERIALS/ MATÉRIEL:*

 4 mm = 9 x

 6 mm = 10 x

 3 mm = 7 / 9

 11/0

## HYDRANGEA

### RING/RING/RING/BAGUE

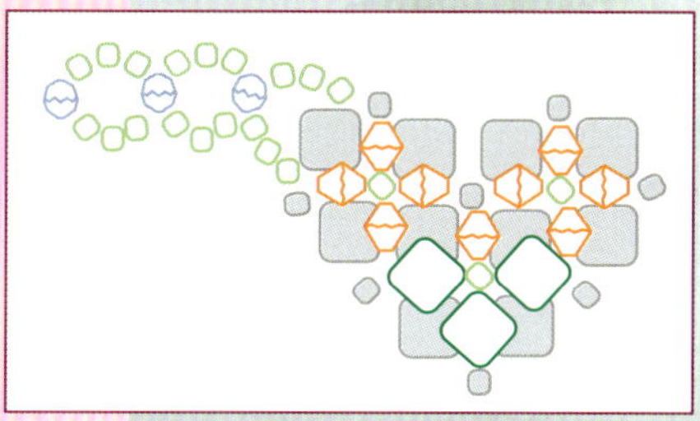

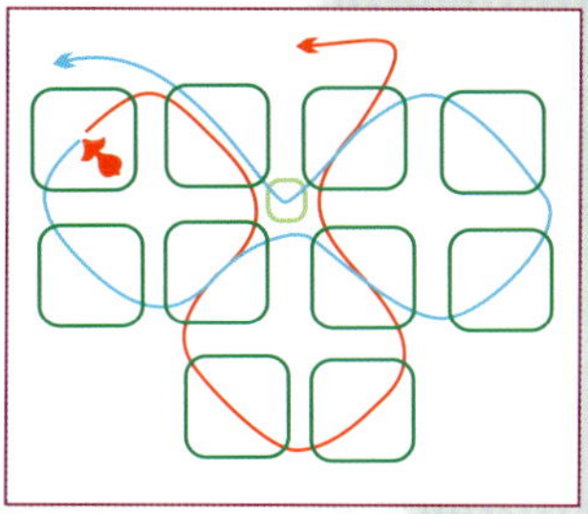

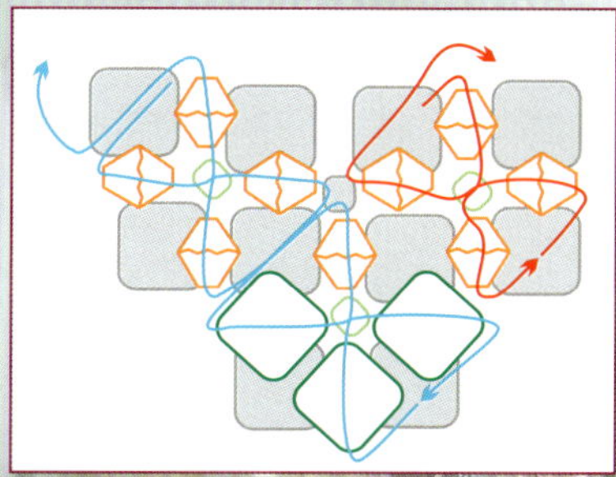

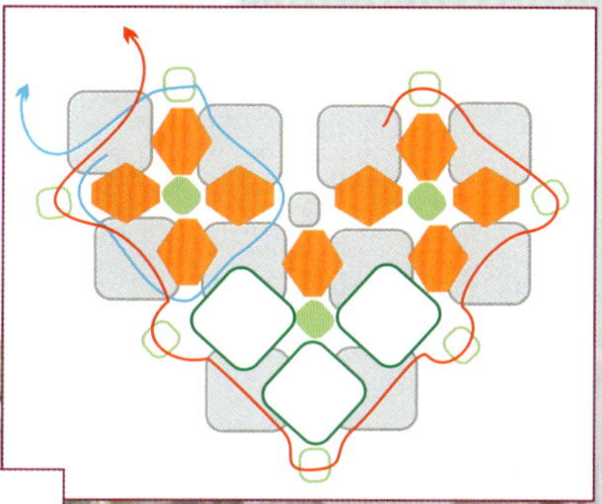

### KETTING / KETTE / CHAIN / CHAÎNE:

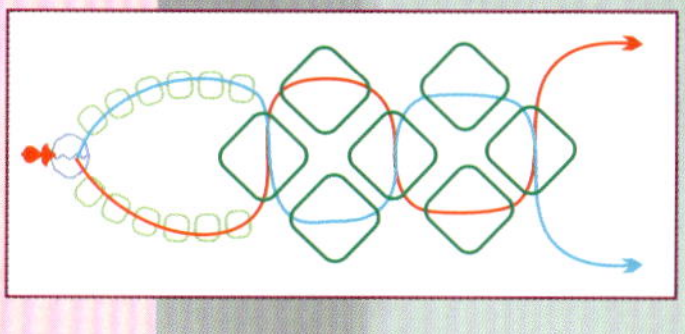

2 x

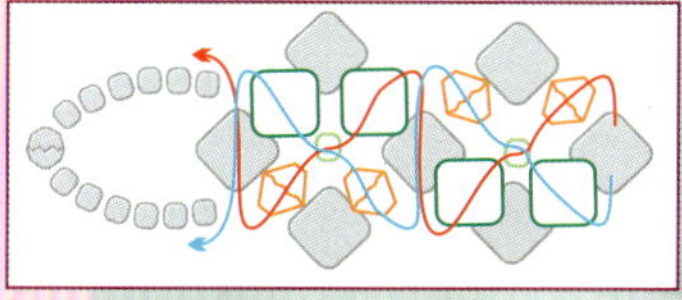

3 x